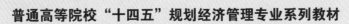
普通高等院校"十四五"规划经济管理专业系列教材

U0183665

短视频
创作与运营

策划｜拍摄｜剪辑｜推广

主　编◎冯　丽　关善勇　赵　彬

副主编◎张洋洋　牛瑞敏　黄洁雅　邓　亮

华中科技大学出版社

http://press.hust.edu.cn

中国·武汉

图书在版编目（CIP）数据

短视频创作与运营：策划、拍摄、剪辑、推广 / 冯丽，关善勇，赵彬主编 . —武汉：华中科技大学出版社，2023.10（2025.1重印）

ISBN 978-7-5680-9638-6

Ⅰ.①短…　Ⅱ.①冯…②关…③赵…　Ⅲ.①视频制作②网络营销　Ⅳ.① TN948.4 ② F713.365.2

中国国家版本馆 CIP 数据核字（2023）第 185163 号

短视频创作与运营（策划、拍摄、剪辑、推广）　　　　冯丽　关善勇　赵彬　主编
Duanshipin Chuangzuo yu Yunying（Cehua、Paishe、Jianji、Tuiguang）

策划编辑：聂亚文
责任编辑：郭星星
封面设计：冯　丽
责任监印：朱　玢
出版发行：华中科技大学出版社（中国·武汉）　　　电话：（027）81321913
　　　　　武汉市东湖新技术开发区华工科技园　　　邮编：430223
录　　排：武汉创易图文工作室
印　　刷：武汉市洪林印务有限公司
开　　本：787 mm×1092 mm　1/16
印　　张：13
字　　数：333 千字
版　　次：2025 年 1 月第 1 版第 3 次印刷
定　　价：58.00 元

随着网络新媒体的快速发展,短视频成为各行各业争夺流量的新密码。为此,各大高校纷纷开设了短视频相关课程,然而,市面上的短视频教材以侧重后期剪辑技术或者推广运营的内容居多,缺少对短视频的策划能力、拍摄技巧等方面的综合性培养。为契合新时代高校适用型人才培养目标,适应市场对职业人才的需求,结合短视频工作流程和企业实战经验,我们精心策划了本书。

本书旨在突出以下特色:

(1)基于工作流程,构建知识技能体系。

本书基于短视频工作流程重构、开发教材内容,按照短视频前期、中期和后期工作的岗位任务要求,分项设计了短视频策划、短视频拍摄、短视频剪辑、短视频推广几大模块的实训内容,对教材内容进行流程化的设计。

(2)理实一体,内容丰富。

本书是理实一体化教材。理论内容包括短视频策划、短视频拍摄、短视频剪辑与短视频推广所需的基础知识;实战部分包括口播类、商品广告类、企业宣传类、特色美食类、时尚美妆类、Vlog 情景类等比较主流的短视频类型,按照由易到难的顺序,逐级夯实学习者的创作能力。每一个实战项目都基于创作过程进行知识梳理,将短视频的策划思路、拍摄方法、剪辑技巧和推广注意事项等理论内容融入其中。通过不同案例项目的学习,锤炼学生对于不同类型短视频的实战技能,综合培养学生能策划、会拍摄、善推广、精剪辑的短视频创作能力。

(3)一线实例引导,实用性强。

本书实战案例全部来自一线企业资深工作者,通过实际案例的内容讲述,提升学习者的创作技能。此外,本书还注重创新创意思维、审美素养、信息化素养、家国情怀等综合素养的潜移默化的培养,传播“学而有效、用而有价、品而有德”的价值理念。

本书适用于既想全面了解短视频理论知识,又想提升短视频创作技能的爱好者,包括教师、学生及自媒体创作者。由于编者水平有限,书中难免有疏漏之处,敬请广大读者批评指正。

本书涉及的抖音、快手等媒体平台的案例仅用于教学,如作者有异议,请与 359594892@qq.com 联系,再次向各媒体视频案例的创作者表示衷心的感谢!

编者
2023 年 5 月

目录
Contents

Duanshipin Chuangzuo yu Yunying（Cehua、Paishe、Jianji、Tuiguang）

第一章

短视频认知

本章特色

知识学习：本章初步向学习者介绍短视频行业的发展现状，短视频的特点和优势，短视频的类型，短视频的创作流程和团队组建形式。为后续的实训创作打下坚实的理论基础。

技能提升：学习本章以后，学习者能了解短视频的类型、特点以及常用的短视频推广平台，掌握短视频创作的三个步骤，并根据实训任务要求，模拟搭建中小型短视频创作团队。

素质养成：本章在讲述短视频的发展现状、特点、优势、类型等内容时，重在培养学生的信息文化素养和职业认同感，短视频创作流程和团队搭建内容则侧重提升学习者的团队合作精神与竞争意识，在任务实训中渗透家国情怀。

短视频即短片视频，专指在各种新媒体平台上播放，适合在移动端观看，基于智能算法由网络高频推送给用户的视频内容，时长由几秒到几分钟不等。目前，短视频凭借着开放性、及时性、通俗性、生活性以及超越时空性等属性优势，已逐渐成为各方营销转化的重要抓手。

1.1 短视频行业的发展现状

随着移动互联网与新媒体行业的快速发展，短视频应运而生。作为一种新兴的互联网文化形式，短视频近年来在国内得到了迅猛的发展。

据 Mob 研究院统计，截至 2023 年 6 月，短视频市场规模近 3000 亿，国内短视频用户规模约达 10.12 亿，短视频未来的发展潜力不可估量。下面，我们来分析一下国内短视频行业的发展现状及趋势。从短视频行业的发展来看，大致可以归纳为以下四个时期，如图 1-1 所示。

萌芽期 2004—2010	探索期 2011—2015	发展期 2016—2019	成长期 2020—
2004 年，乐视频；2005 年，YOUTUBE、VIDDY-土豆网、优酷、PPTV 等；2006 年，《一个馒头引发的血案》	2011—2012 年，GIF 快手 - 快手；2014 年，秒拍、美拍；2015 年，小咖秀	2016 年，抖音、西瓜短视频；网红 IP：papi 酱、李子柒	5G、直播变现模式逐渐成熟

图 1-1 短视频行业发展的四个时期

1. 萌芽期：2004—2010 年

短视频的萌芽时期通常被认为是 2005 年至 2010 年,实际上在 2004 年乐视频就已经出现了,这就已经标志了国内短视频行业的开始。

2004 年,出现乐视频,开启短视频时代。

2005 年,出现 YOUTUBE、VIDDY- 土豆网、优酷、PPTV 等。

2006 年,《一个馒头引发的血案》短视频在网络上蹿红。

2. 探索期：2011—2015 年

以美拍、腾讯微视、秒拍和小咖秀为代表的短视频平台逐渐进入公众的视野,被广大用户所接受,特别是 2011—2012 年。这一时期最具代表性的事件就是快手这一短视频平台的诞生。

2011 年,GIF 快手作为一个 GIF 图的制作工具风靡全网;2012 年,快手(图 1-2)转型短视频社区,成为中国短视频行业的先驱,帮助用户在移动设备上制作、上传及观看短视频。

2014 年,相继出现秒拍(图 1-3)、美拍(图 1-4)等短视频分享软件。

2015 年,小咖秀(图 1-5)上线。

图 1-2　快手　　　　图 1-3　秒拍　　　　图 1-4　美拍　　　　图 1-5　小咖秀

3. 发展期：2016—2019 年

短视频的发展时期主要是 2017 年,以抖音(图 1-6)和西瓜短视频(图 1-7)为代表的短视频平台纷纷加入了短视频领域,短视频行业竞争进入白热化阶段。更多网红 IP,如 papi 酱、李子柒(图 1-8)等涌入大众视觉。

获赞　　　关注　　　粉丝

2.2亿　　　1　　　5240.1w

李子柒
✓美食自媒体

图 1-6　抖音　　　图 1-7　西瓜短视频　　　图 1-8　李子柒自媒体账号

4. 成长期：2020 年至今

自新冠疫情以来,很多微小企业的转型引发了直播的快速发展,由线下到线上的消费模式转变,进而带动直播带货、直播运动、直播唱歌、直播舞蹈等形式的发展。

在 5G 网络技术的加持下,直播变现模式逐渐成熟,为此也捧红了许多网红直播,如新东方主播董宇辉、健身主播刘畊宏等。

1.2　短视频的特点与优势

短视频之所以能够快速崛起，一方面是由于网络环境的改变，另一方面就在于短视频本身的特殊性，"短平快"的内容顺应了用户碎片化、短链化的阅读与消费习惯，使之更符合大众分享与营销的诉求。

1.2.1　短视频的特点

短视频与传统视频相比，主要以短见长，具有短、小、精、低、快五个特点。

（1）短：主要指短视频的时长很短，通常以"秒"或"分"来计时，常见的短视频时长是15~60 s 不等，一般都应保持在 5 min 以内。

（2）小：视频容量小，便于移动端传播，视频体积通常控制在 1~10 MB 之间，多采用 MP4格式，既能保证视频清晰度，又能在云端进行流畅播放。

（3）精：短视频的内容精悍，表现在信息量大、表现力强、直观性好等方面，这里需要创作者注重"黄金 3 秒钟"原则和封面设计的表达。

（4）低：制作门槛低，生产成本低，创作过程简单。短视频从拍摄到制作后期，可以仅靠一部手机完成。用手机的拍摄功能完成拍摄，剪辑可以通过手机的剪辑软件完成，再发布到手机端的短视频 App 上，便可完成短视频的创作与推广。

（5）快：短视频的传播速度快，内容更新节奏快。基于网络传播与流量推送机制，这里建议创作者每天更新 1 条或多条视频，保持最低不少于 3 条 / 周的更新率。

1.2.2　短视频的优势

随着短视频制作的迅速发展，自媒体形式从原有的以文字、图片或图文结合的方式发布到社交媒体，逐渐发展到短视频的多元化创作，成为当下网络营销投资的热点。相比传统媒体而言，短视频具有哪些营销优势呢？下面就具体介绍下短视频的优势。

1. 具有强大的社交属性

短视频平台多为社交媒体，用户可以在平台上分享自己制作的视频，也可以观看、转发、评论、点赞他人的视频。既可以促进用户之间的交流与互动，也能增强用户的归属感和忠诚度，同时也为品牌和商家提供了更多的社交营销机会。

2. 具备用户的黏性互动

互联网营销具有互动性，短视频推广亦是如此，通过大数据精准匹配与推送，粉丝就可以对视频内容进行回复，也可以就别人的评论进行回复，利用粉丝黏性增强互动活跃度，在互动的同时提升用户黏性。

3. 符合当下的营销方式

目前,短视频已成为当下最流行的营销方式,很多商家会通过网红植入广告、情景植入广告、贴片广告等方式进行产品营销,短视频平台就会根据内容进行匹配并推送给需要的用户,用户在看短视频的时候就会浏览到广告内容,从而产生商业转化。此外,短视频中还可以插入购物链接,方便大家在观看短视频的同时购买自己所需要的商品,从而达到更好的营销效果。

1.3　短视频的类型

为了满足不同消费者的消费需求,各大平台上的短视频类型也多种多样,呈现出百花齐放的发展势态。下面将从传播渠道、内容形式、生产方式三个方面介绍不同类型的短视频。

1.3.1　短视频的传播渠道

短视频的传播渠道按照平台特点和属性来分,可以细分为五种传播渠道,分别是短视频传播渠道、在线视频传播渠道、资讯类传播渠道、社交媒体传播渠道和电商平台传播渠道。

（1）短视频传播渠道,主要指移动端的各大社交媒体平台,包括抖音、快手、秒拍、美拍、微视、梨视频、微信视频号、火山小视频、暴风短视频等。最大的优势在于用户基数大、平台推荐量高,传播性强等。

（2）在线视频传播渠道,主要指一些专门的视频网站,如:搜狐视频、爱奇艺、腾讯视频、芒果TV、第一视频、爆米花视频等。这个渠道依靠观众搜索或者平台推荐获取资讯。

（3）资讯类传播渠道,以提供最新资讯话题为内容的平台,包括今日头条、百家号、一点资讯、网易号媒体开放平台、企鹅媒体平台（天天快报、腾讯新闻）等各大资讯平台。

（4）社交媒体传播渠道,是以通信社交为目的的App,包括微博、微信、腾讯QQ等。

（5）电商平台传播渠道,主要指一些购物平台,如:京东、淘宝、天猫、拼多多、蘑菇街等。

知识小贴士:

短视频平台数量众多,下面给大家介绍一些目前比较主流的短视频平台。

1. 抖音

抖音是一款可以拍短视频的音乐创意短视频社交软件(图1-9),目前隶属于今日头条旗下,抖音于2016年推出,目前是中国最热门的短视频应用之一。

2. 快手

快手是一个记录与分享的平台(图1-10),是北京快手科技有限公司旗下的产品,快手的前身叫"GIF快手",2012年,转型短视频社区。作为惠普的数字社区,快手不仅让数亿普通人记录和分享生活,更帮助人们发现所需,发挥所长。

3. 火山

火山视频是一个15s原创生活视频社区,2020年与抖音整合升级,更名为抖音火山版

（见图1-11）。火山视频定位行业内容百科全书，其内容偏向于职业交流和职业学习，同样隶属于今日头条旗下。

4. 微视

2013年入场，2018年重整旗鼓，开发众多新功能，打通QQ音乐曲库，隶属腾讯旗下。微视是腾讯的短视频创作平台和分享社区（图1-12）。

5. 秒拍

2011年入场，是炫艺（北京）科技有限公司推出的短视频App，秒拍宣传"10秒拍大片"的理念，是集观看、拍摄、编辑、分享于一体的超短视频工具（图1-13）。

6. 西瓜视频

西瓜视频是字节跳动旗下的中视频平台，以"点亮对生活的好奇心"为口号。鼓励多样化创作，帮助人们向全世界分享视频作品，创造更大的价值（图1-14）。

图1-9 抖音

图1-10 快手

图1-11 抖音火山版

图1-12 微视短视频频道

图1-13 秒拍短视频频道

图1-14 西瓜视频

1.3.2　短视频的内容形式

目前,短视频的内容十分丰富,类型也多种多样,以满足不同用户的需求。下面,笔者就从内容创作方面给大家介绍一下社会比较主流的几类短视频。

1. 口播类短视频

口播类短视频(图1-15)是近年来在社交媒体上逐渐流行的一种内容形式,也是新手学习者最容易把握的创作类型。它不需要有特殊的才艺或表演,也不需要复杂的场景搭建,只需"一张嘴巴"+"一段文案"+"一部手机"便可完成。在口播类短视频创作中,文案的好坏直接决定着视频的质量,所以,口播类的博主,一定要注重选题和文案的撰写,同时还要具备相对稍高的口播表现力。

2. 商品广告类短视频

商品广告类短视频(图1-16)可以分为影视广告和以淘宝为主的电商短视频。两者之间的最大区别在于,影视广告的出发视角是企业,电商短视频的出发视角是用户。影视广告的制作效果精良、流程规范,创意要求和制作成本高,不适宜大众创作;而电商短视频,对视频效果、流程规范、创意要求较低,适合大众创作,但是,在视频的更新频率方面有一定要求。电商短视频包含商品型短视频和内容型短视频,本书第七章将会针对商品型电商短视频进行详细的讲解。

3. 企业宣传类短视频

在"大众创业、万众创新"的浪潮下,企业宣传类短视频迎来了较好的发展空间。企业宣传类短视频,其实就是为了统一企业形象、企业经营理念,提升企业知名度而制作的宣传片,主要包括企业形象片、企业专题片、企业历史片、企业文化片等。这类视频对创作者的要求较高,要有较好的技术素养和较强的逻辑思维能力。本书第八章将从策划、拍摄到剪辑,详细讲述企业宣传类短视频的创作方法。

4. 特色美食类短视频

俗话说"民以食为天,食以味为鲜",美食承载了国人丰富的情感。纪录片《舌尖上的中国》一经播出,受到国际强烈反响,为此,中国美食进入国际化的轨道。

特色美食类短视频(图1-17)是在当下快节奏的生活下,以特色美食制作、美食感悟、美食吃播等内容为载体,重在挖掘中国比较有地域特色的传统饮食文化,以特殊的形式去刺激观众的神经,使得新一代的年轻人关注美食、了解美食,甚至爱上美食。

5. 时尚美妆类短视频

时尚美妆类短视频包含美妆技巧与变妆特效等内容。时尚美妆类短视频(图1-18)所针对的目标群体大多是一些对"美"有一定追求和向往美丽的女性,她们观看短视频的诉求,要么是能够从中学习一些实用的化妆技巧,解决自身化妆难题,要么就是纯粹满足自己对"美"的视觉欲望,沉浸在博主的变妆情景之中。目前,微博、微信公众号、小红书、抖音、快手等平台上涌现出大量时尚美妆博主,她们通过发布自己的美妆短视频,积累粉丝群体,吸引美妆品牌商与之合作,日渐成为时尚美妆行业营销的重要推广方式和渠道之一。

6.Vlog 情景类短视频

Vlog 情景类短视频(图1-19)是以记录现实生活为主要内容,把简单的生活艺术化,枯燥的事情有趣化，通过对现实生活情景的记录，引起观众情感共鸣，所以，Vlog 情景类短视频具有较强的情景代入感和观众互动性。在此类短视频创作中，大家一定要注意视频节奏感的把控，否则，很容易给人以"流水账"的视觉感。

图 1-15　口播类短视频

图 1-16　商品广告类短视频

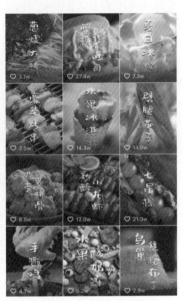

图 1-17　特色美食类短视频

图 1-18　美妆类短视频

图 1-19　Vlog 情景类短视频

知识小贴士：

　　　短视频类型十分丰富，划分方法也多种多样，如果细分，还可以分为搞笑、明星、美食、时尚、美妆、街访、旅游、娱乐、生活、资讯、亲子、知识、游戏、汽车、财经、励志、萌宠、运动、音乐、动漫、科技、健康、故事等类别。

1.3.3 短视频的生产方式

短视频的生产方式大致可以归纳为以下几种,即用户生成内容、专业机构生产内容、专业用户生产内容、多频道网络输出产品、企业自有媒体维护内容等。

1. 用户生成内容

简称 UGC,即用户根据自己的喜好而创作的短视频内容,商业价值较低。目前,很多用户都利用自己的抖音号、快手号、头条号或微信公众号创作短视频来吸引粉丝(图 1-20)。

2. 专业机构生产内容

简称 PGC,这类生产者主要是来自新闻单位等专业机构的专业人士,如中国国家地理(图 1-21)。所生产的内容一般是原创,专业技术要求较高,且制作成本也比较高,依靠优质的内容来吸引用户,具有较高的商业价值。

3. 专业用户生产内容

简称 PUCC,此类型的专业用户多数是有一定粉丝基础,在某个领域有自己的独特风格的网络"达人"或企业团队,内容创新性较强,能够吸引到一定的粉丝,通过持续内容的输出,能很好地维持粉丝的黏性。

4. 多频道网络输出产品

多频道网络简称 MCN,它将 PGC(专业机构生产内容)和 UGC(用户生产内容)进行有效整合,在资金购买的驱使下,保障内容的持续输出,从而最终实现商业的稳定变现。

5. 企业自有媒体维护内容

企业自有媒体简称 EOM,很多企业拥有自己的自媒体平台账号,而且也有专人团队负责做账号运营和维护。如东方甄选(图 1-22)、奔驰、海尔等大企业的公众号都是由专人团队负责运营和维护,一些小微企业也有专属的抖音号等。

图 1-20 UGC 短视频

图 1-21 PGC 短视频

图 1-22 EOM 短视频

1.4 短视频的创作流程

短视频创作亦简亦繁，可以是一人独创，也可以由多人共创；可以花几分钟出片，也可以耗时几天；可能分文不舍，也可能耗资不菲等。其难易程度最终取决于创作的质量需求。

一条优质的短视频作品，往往需要多方面、多流程的集合与打磨。下面，笔者就按照常规短视频的创作流程给大家梳理以下内容。

1.4.1 前期策划

作为短视频的开端，前期策划是短视频创作中的重中之重，从某种程度上来讲，前期策划的好坏将在 80% 的程度上决定了一条短视频的成败。本书第二章将详细讲解短视频策划的具体内容，这里就以最重要、最复杂的内容创意和脚本撰写为大家进行简单的讲述。

1. 创意思路

创意是短视频制作中的核心，分为原创性创意和综合性创意。原创性创意是一个从无到有、从普通到新颖的创造过程，它不仅可以让用户瞬间记住你的视频内容，甚至还可以达到增粉引流、提高粉丝黏度的效果。综合性创意则是对他人视频进行二次创新或者借鉴的一种创作方法，适合短视频初学者使用。

按照常用的短视频创意思路，下面为大家提供三个创意方向，供大家参考学习，见表 1-1。

表 1-1 捕捉创意的三个方向

创意方向	说明
兴趣点挖掘	挖掘目标用户的兴趣点，了解目标用户的喜好，针对用户的兴趣进行研究，分析出用户可能感兴趣的内容范畴
内容形式	在了解用户喜好的基础上，可以使用幽默搞笑、街头采访、在线评测、技巧分享等内容形式来表达。不同的用户群体有着不同的内容形式喜好，这需要创作者的进一步研究
个人风格	形成个人的独特风格非常有助于短视频人设的打造，便于用户识别记住视频，视频创作者也可以获得更多粉丝。个人风格没有好坏之分，因此，出镜者不用担心自己是否被人喜欢的问题

2. 脚本撰写

脚本是短视频中期拍摄和后期剪辑的依据，包括文字内容、镜头内容、素材内容、声音内容、效果内容等标注。在团队中负责脚本策划的成员不仅需要具有较高的文学素养，还要对观众的需求有充分了解，能够与团队中期和后期人员进行有效沟通。一个好的脚本可以令短视频有更加丰富的内涵，进而引起用户的共鸣。

1.4.2　中期拍摄

中期拍摄主要指短视频的拍摄任务,此阶段需要根据脚本准备拍摄设备、灯光、拍摄稳定设备(三脚架或手持稳定器)、录音设备、场地等(图 1-23),本书第三章将会进行详细讲解,此处只做简单讲述。

图 1-23　拍摄团队现场

1. 拍摄设备

常用的拍摄主设备大致有手机、微单、单反、摄像机等,主要用于记录视频素材片段。目前,大部分手机都能满足日常的拍摄需求,不过拍摄的时候一定要保证画面稳定、清晰,如果想拍摄更加清晰、独特的视频,在预算允许的情况下,可以购买一台微单、摄像机或者无人机等专业设备,拍摄出来的效果将会更佳。

2. 拍摄稳定设备

在拍摄过程中,要想保证画面的稳定性和流畅性,拍摄稳定设备就显得尤为重要,常用的设备有三脚架、手持稳定器等。拍摄者可以根据需要选择不同大小、材质、造型的三脚架或手持稳定器来改善录制画面,以便更好地完成拍摄任务。

3. 录音设备

短视频里的声音包括配乐、配音、独白、原声等。一段声音的切入,能够为视频提供很好的烘托氛围。随着短视频创作的不断深入,为了营造更好的视听效果,在短视频的录制过程中还应该配备一些好的录音设备,好的录音设备能可以有效减少环境杂音,录制清晰的音效,视频效果更佳,作品更显专业性。

1.4.3　后期剪辑

1. 视频编辑

视频编辑是指按照脚本,为突出某主题内容而对拍摄原片进行剪辑制作的过程,包括三维片头定制、段落删减、增添 Logo、配字幕、配音、蒙太奇效果、专业调色处理、制作花絮、视频转码等。

2. 素材处理

这一步为视频素材提供片段删减、段落顺序重组、历史素材并入、相关素材引入组合等。

3. 特效处理

在视频素材编辑过程中加入转场特技、蒙太奇效果、三维特效、多画面效果、画中画效果、视频画面调色等属于特效处理。

4. 字幕处理

这一步为视频素材添加 Logo、中外文字幕、说明字幕、修饰字幕、三维字幕、滚动字幕、挂角字幕等。

5. 音频处理

音频处理指为视频素材添加背景音乐、特效音乐、专业播音员多语种配音解说、对口型配音等。

6. 包装处理

包装处理指为剪辑后视频素材提供全方位特效包装，包括蒙太奇效果、制作三维片头片尾、制作 Flash 片头片尾、形象标识特效等。

7. 成品输出

最后将制作好的视频作品，按要求输出为相应的格式或刻录至 DVD、VCD 等数据文件。短视频常用的格式有 MP4、MOV、AVI、FLV 等，创作者可以根据媒体平台不同来选择不同的视频格式。

常用的手机剪辑软件见表 1-2。

表 1-2　常用的手机剪辑软件

软件	优势
剪映	抖音官方软件，模板丰富，热门音乐
快影	快手官方软件，音效多，上手简单
一闪	滤镜出色，最长 280 秒
Inshot	可以满足日常剪辑需求，可以优化画质
Videoleap	能够提供创意剪辑，专业性高
Vue	适合新手，滤镜多，以 Vlog 为主

常见的电脑剪辑软件见表 1-3。

表 1-3　常见的电脑剪辑软件

软件	优势
PR	易学、高效、精确，提供了采集、剪辑、调色、美化音频、字幕添加、输出、DVD 刻录的一整套流程
剪映	抖音官方剪辑软件，音乐多，上手简单
会声会影	操作简单，直观，易懂
iMovie	苹果官方软件，操作简单
Final Cut Pro	提供了绝佳的扩展性、精确的剪辑工具和天衣无缝的工作流程，可以对大多数的输入格式进行剪辑

1.5 短视频团队的组建

随着短视频行业的日趋火爆,短视频领域的竞争也越来越激烈,所以,很多自媒体公司都会设立专业的岗位,组建专业的团队来进行短视频的创作和运营。

1.5.1 短视频团队的岗位设置

完整的短视频团队应包含导演、编剧/策划、演员/"达人"、摄像师、剪辑师、运营推广员等,如图 1-24 所示。

图 1-24 短视频的团队组建

1. 导演

导演负责现场的沟通调度和拍摄掌机工作,要求能够统筹项目整体,包括短视频创作的前期、中期、后期的所有工作;还要有较强的审美能力和艺术修养,较强的剧本分析能力和文字功底;熟悉影视短视频拍摄手法,了解画面分镜需要;能够指导剪辑人员完成后期制作,监督成品质量,保证视频质量达到一定的水准。

2. 编剧/策划

编剧/策划人员负责短视频的前期调研、视频选题、内容创作、脚本撰写、成本预算等工作,此外,还要与中期拍摄和后期制作密切配合、交流,确保短视频项目能够按策划思路顺利进行。

3. 摄像师

摄像师主要对拍摄过程负责,要求能针对不同的产品或剧情,能够合理布光、置景、造型等,并且能把控镜头,拍摄出有产品卖点或剧情燃点的视频素材。在创作早期,摄像师还要指导搭建摄影棚,设定视频拍摄风格等,如图 1-25 所示。

4. 剪辑师

短视频剪辑师主要根据视频脚本内容,把中期拍摄的视频和音频素材进行资源整合,利用移动端剪映、巧影、快剪辑等 App 或者电脑端 PR、PS、AE 等专业软件进行内容的合成与成片输出,如图 1-26 所示。

图 1-25　拍摄工作场景

图 1-26　剪辑工作场景

5. 演员 / "达人"

演员 / "达人" 即短视频的出镜人员,行业对演员 / "达人" 的要求通常是：镜头感强,口齿伶俐,善于与人沟通交流,能够在镜头面前表演和展现自己,身体素质好,形象阳光,有特点,有成熟的表演能力、适应能力,抗压能力强,能完整地塑造好要求的人物形象等。

6. 运营推广员

运营推广专员主要负责推广渠道的选择、推广文案的撰写、视频内容的分发,还要负责与用户的互动与转化、数据分析与复盘等工作。通常,短视频运维人员需要具有较强文字功底及编辑能力,能够熟悉目标用户语境及互联网语言风格,有较强的信息敏感度。

1.5.2　短视频团队的类型与人员配比

短视频团队类型与人员配比通常都是根据团队的预算和项目需求来设置的,在团队资金充足的情况下,企业可以组建高配团队,以取得更佳的制作效果。

1. 低配团队

低配团队的人数不多,一般为 2 ~ 3 人,甚至有可能是 1 人自导自演,独自完成策划、拍摄、剪辑、发布等工作。低配团队在设备方面趋向于简单,常常一人身兼多职,长期发展下去,团队每个人的综合能力都能得到锻炼。

2. 中配团队

中配团队的人数控制在 4 ~ 7 人,岗位分工会明细些。当然也存在岗位的兼职,比如：导演也负责剪辑工作,拍摄完毕之后,运营工作由全体成员参与。

3. 高配团队

高配团队的人员较多,一般有 8 人以上,每个人的岗位职责都不同,可实现专人专事专做的任务分工,一般适用于一定规模的企业创作。由于高配团队人员多、分工细,往往需要更密切的团队配合,才能创作出更加震撼的视频效果。

📓 | 课后习题 |

一、选择题

1. 短视频行业的发展经历了哪几个阶段? (　　)

A. 萌芽期　　　　　　　　　　B. 探索期

C. 发展期　　　　　　　　　　D. 成长期

2. 短视频的特点有哪些? (　　)

A. 时长短　　　　　　　　　　B. 体积小

C. 内容形式多样　　　　　　　D. 成本低

E. 传播快

3. 短视频的优势有哪些? (　　)

A. 有强大的社交属性

B. 具备用户的黏性互动

C. 具备当下营销手段商家的推广

D. 传播方便、快捷

4. 国内主流短视频平台有哪些? (　　)

A. 抖音　　　　　　　　　　　B. YouTube

C. 快手　　　　　　　　　　　D. 视频号

5. 短视频的创作流程有哪些? (　　)

A. 前期策划　　　　　　　　　B. 中期拍摄

C. 后期剪辑　　　　　　　　　D. 末期推广

二、判断题

1. 中国是短视频发展最早的国家。(　　)

2. 电视广告也属于短视频。(　　)

3. 大数据可以根据用户黏性自动对发布的视频进行推送传播。(　　)

4. 短视频团队成员要各司其职,脚本只是策划人员的事。(　　)

5. 低配创作团队中,1 个人不能自成团队,至少需要 2～3 人。(　　)

📖 | 任务实训 |

组建一个中配短视频团队,以"我爱我家"为主题拟订方案。内容可以涉及自己的小家庭,也可以涉及校园、国家等大家庭,列出岗位人员和具体职务描述。

Duanshipin Chuangzuo yu Yunying（Cehua、Paishe、Jianji、Tuiguang）

第二章

短视频策划

知识学习：本章主要讲解了短视频的选题原则、策划方案的基本要素、策划的基本流程、策划的创意方法和脚本的撰写方法等，这些都是短视频创作至关重要的内容。

技能提升：学习本章以后，学习者要掌握短视频的选题方法，学会短视频脚本撰写的技巧，理解短视频方案策划的注意事项，通过实训任务，提升团队策划账号、拟定选题、分析用户画像、确定主题和撰写脚本等能力。

素质养成：本章内容重在培养学生的创新意识、创意思维和数据分析能力，其实训任务能全面提升学生的文字表达能力、信息文化素养和团队协作意识。

策划是短视频创作的前提，它包括短视频创作前期的一系列准备工作，包括短视频选题的确定、剧本的编写、视频时长与视频风格的确定、演员与道具的准备、拍摄预算、应急预案准备，等等。一段经过精心策划的短视频内容，不仅可以表现创作者的个人特色，还可以充分表达作者观点，帮助短视频中期拍摄人员与后期剪辑人员理清创意思路，让视频定位更明确，让输出内容与观众产生情感共鸣，提高账号的粉丝黏性。

例如，微博视频博主"papi 酱"在新浪微博中，依靠搞笑类原创视频进入大众视野，在短时间内完成从一个网红到明星再到老板的跨越，凭借独特的风格和一句"我是 papi 酱，一个集美貌与才华于一身的女子"，稳稳立住人设，利用细心策划的短视频内容，勾起无数网民的内心独白，收获大量粉丝；再者就是抖音达人"司氏砸缸"，他的作品定位清晰，并且表达方式新颖，以"美术生天生特效"系列作品让观众熟知，引起广大美术同行的共鸣，后期凭借"砸缸召唤术"绘制明星与网络达人的万字画，迅速吸引了很多明星与网络博主的关注与互动。

2.1　策划选题的基本原则

选题是短视频策划过程中非常重要的内容，选题不仅仅是为了明确一个创作方向，更是给短视频创作奠定一个基调，视频选题选得好，内容出圈的概率也就大大增加。那么，短视频选题应该遵循什么原则呢？

1. 与定位一致

定位是塑造 IP 的先决条件，是对账号内容的一个整体规划，定位清晰，创作大方向明确，才能根据用户喜好与需求确定选题。选题与定位一致性的程度，是影响作品能否匹配到精准用户和后期个人 IP 塑造成功与否的关键因素。

知识小贴士：

创作者应具备把握行业长期发展情况的洞察力，不能只顾眼前利益，要结合自身特点与创作初衷，打造出独具特色的 IP，坚持一个方向，持续创新。短视频选题内容和账号定位的一致性高，有助于提升创作者在专业领域的影响力，也有助于快速吸引精准的用户粉丝和提高用户粉丝的黏性。

2. 以用户为导向

用户是短视频市场的生存之本，用户在哪里，流量也就在哪里。如果说影视广告的出发视角是企业，那么短视频的出发视角就一定是用户。短视频是"以用户为中心，以体验为核心"的思维模式，在策划短视频选题时，一定要优先了解精准账号的精准用户群体，充分调研分析用户人群的基础属性、行为属性、心理属性等，提炼用户的基本信息，绘制用户画像，根据画像喜好与需求才能创作出使用户关心的内容，从而获得更多的播放量来吸引粉丝用户，换取经济价值。下面以科技类短视频为例分析用户画像，如图 2-1 所示。

科技类用户画像	用户基础属性	通过百度指数搜索"科技"数据分析得知： 用户对象：刚毕业的大学生、职场白领等。 用户年龄：≤ 19 岁占 10.35%，20 ~ 29 岁占 29.26%，30 ~ 39 岁占 35.59%，40 ~ 49 岁占 17.06%，≥ 50 岁占 7.73%。 用户性别：男性占 51.54%，女性占 48.46%。 用户所在地：大部分人在北、上、广、深、重庆等地。 （通过以上信息可以得知，科技类短视频策划可针对 20 ~ 29 岁与 30 ~ 39 岁人群）
	用户行为与心理	1. 热爱高科技智能产品。 2. 每天工作很忙，经常加班、不善社交。 3. 追求小资生活，社交圈窄，生活单调。 4. 由于大城市生活节奏快，用户往往工作压力大。 5. 游戏达人，月光族，手机党。

图 2-1 科技类用户画像

知识小贴士：

①基础属性主要指用户在注册使用产品时所反映出来的信息，如：用户的性别、年龄、工作情况、教育情况、所在地等。

②行为属性是用户的动态信息，包括用户的活跃状态和用户的经济情况，如：用户在媒体平台上的浏览和评论情况、用户在平台上的购买行为。这部分数据需要统计才可获得。

③心理属性则是从大量的行为数据中提取的核心信息，包括用户的兴趣偏好、敏感度、消费情况等。它是对行为属性的深入挖掘。

3. 内容输出有价值

价值是短视频选题的核心目标，选题内容只有考虑了用户的喜好与痛点，对用户有价值，才能提高视频完播率，激发用户点赞、转发、评论等行为，进而留住用户。比如，减肥塑身、健康养生、美食制作、财经科普、软件使用、育儿宝典、美妆测评、旅行指南等选题，其输出内容对用户有价值才能激发用户看完整条短视频。

如果能在内容"有用"的基础上增加个人特色，这将能更好地提升用户观看时的体验感。比如，抖音达人"噗噗叽叽"，一位美食类博主，她将每一期短视频都策划成一篇日记，表面上是女主人给家人做饭的日常，实际是在分享美食的制作方法。她的作品将个人特色融入其中，厨房和厨具都充满童话风格,后期调色也让观众视觉上舒服,用户可以在学习美食制作的同时,也享受一份视觉盛宴。而知识类博主"年糕妈妈"针对新手宝妈群体,主要分享宝宝的营养辅食、家庭教育等干货,如图 2-2 所示。"年糕妈妈"的成功在于她准确把握住了年轻新手妈妈们的痛点和需求,全方位、多角度地为用户提供了实用的育儿知识和周边服务,快速吸引了精准用户关注,产生了用户黏性。

年糕妈妈的视频 1

年糕妈妈的视频 2

年糕妈妈的视频 3

图 2-2　年糕妈妈账号

知识小贴士:

　　创作者在策划短视频选题时,需要学会换位思考,结合用户画像,揣摩用户心理,针对用户可能遇到的问题、困难或者社会现象进行分析总结,考虑视频内容能否为用户带来实际的用处,是否解决了用户的实际需求。

4. 紧追时事热点

　　紧追热点制造新鲜感,是短视频策划常用的手段之一。时事热点本身就自带流量,大多数用户对热点事件的关注度较高,所以,短视频选题结合热点,更容易获得流量。

知识小贴士:

　　①短视频创作应坚持传递正能量,选题不能为了求新、求异效果而盲目使用低俗、敏感、负能量或具有不良影响的热点。

　　②创作者还应该坚持原创,不能肆意搬运他人创意。

　　③选题在追热点时,需要考虑到热点事件是否与账号定位匹配,不能盲目追热点而造成与账号定位不一致,降低用户对账号的垂直好感度。

2.2 策划方案的基本要素

短视频策划方案的基本要素包括短视频的类型、主题、风格、片名、时长、BGM（背景音乐）、选题依据、受众分析、创意要点、拍摄剧本（脚本）、拍摄准备、团队分工、时间计划、推广策略、文案撰写、经费预算及应急预案等。

1. 类型

目前，比较流行的短视频类型有口播类、商品广告类、幽默搞笑类、美食类、企业宣传类、快闪类、萌宠类、时尚美妆类、Vlog 情景类、教育类、亲子类、旅拍类等。此部分内容在第一章已有讲述，创作者需要根据自身优势，确定创作短视频的类型，这是开展短视频创作的第一步。

2. 主题

主题是短视频选题的关键。当创作者确定了短视频类型后，就要选择一个主题进行创作，可以围绕受众泪点、社会热点、情绪燃点、矛盾难点、用户痛点、新闻爆点、舆论焦点、时间节点等 8 个切入点，为用户创造价值，为受众提供信息，为粉丝解决问题。

3. 风格

短视频风格是一种特殊的视听语言，同一主题的短视频可以有不同的表现风格。以美妆主题的短视频为例，可以通过讲故事、传递正能量表现产品，如叶公子；也可以通过变妆、炫技展现美妆效果，如初九 haimon；还可以通过教程演示揭示美妆技巧，如程十安 an。短视频风格的确定要基于其账号定位，通常一个账号一种风格，确保账号内容的垂直度。

4. 片名

片名指视频片段的名称，即短视频的标题。一个吸睛的标题不仅可以提高短视频播放量，还能够间接引导用户进行点赞、评论和转发，增加视频互动率。比如标题"三招解决减脂掉秤的三大难点"，标题中直接提出减脂人群比较关心的问题"掉秤的三大难点"，不论男女，凡是想健身减脂的用户都会对这个标题感兴趣，标题直击用户痛点，可以提高视频的完播率。

5. 时长

时长即短视频的总片长，常见的短视频时长多为 15～30 秒，其中，视频的前 3 秒为黄金时间，它决定着用户是继续看还是划走。

6.BGM

BGM 又叫背景音乐，为了营造更舒适的视听效果而设置的配乐，有抒情、童谣、摇滚、怀旧等不同风格。不同风格的配乐能产生不同的情感，比如抒情乐会让人很轻松，摇滚乐会让人激情律动，童谣让人充满爱意与欢乐，怀旧让人回味悠长，所以，BGM 的选择必须结合视频主题按需选择一段或多段音乐。

7. 选题依据

确定选题依据即明晰为什么要做此选题,通常围绕用户的痛点需求或产品的卖点、亮点展开,为受众提供有情、有趣、有品、有用的"四有"短视频,进而吸引更多的用户关注。例如,美妆类视频的选题依据可以针对不会选择化妆品、不会化妆的用户,围绕化妆过程中的浮粉、掉妆、闷痘等痛点,提供解决方案;亲子教育类短视频的选题依据可以针对新手宝妈,围绕婴儿尿布疹、辅食喂养、亲子感情等问题提供方法建议。

8. 受众分析

充分的受众分析是短视频创作的必要环节。在确定短视频选题时,创作者应先绘制精准的用户画像,这有助于方案策划的顺利进行。受众分析往往是对一类用户人群的画像进行分析,包括用户的商业属性、心理属性、行为属性、价值属性、基本属性等,从用户思维出发,将用户的特点和需求罗列出来,根据用户观看短视频的偏好、点赞和评论的习惯等确定选择产品选题的方向。当然,在确定短视频选题之前,对竞品进行充分的数据分析也是十分有必要的,俗话说"知己知彼,百战不殆",创作者可以借助数据平台搜索相关内容,进行数据和账号分析。常用的短视频数据平台有卡思数据(图 2-3)、飞瓜数据(图 2-4)、短鱼儿(原抖大大)、灰豚数据、新榜、新抖平台、TBD(ToobigData),等等。

9. 创意要点

创意是短视频创作的核心,没有创意的短视频内容,作品就会趋于同质化,让观众产生审美疲劳。好的创意可以说服用户为作品买单、转发、点赞或者评论,短视频选题内容应当制造新鲜感。创意大部分来源于对生活的积累,创作者平时可以多观察身边的事物和细节,深度挖掘符合账号定位的创意方案。

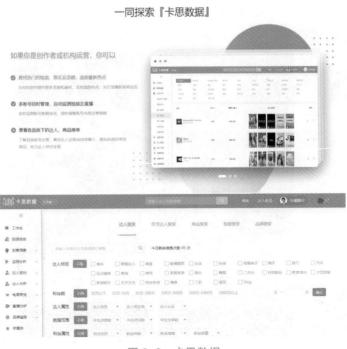

图 2-3　卡思数据

图 2-4　飞瓜数据

　　如"朱两只吖"是将一家四口的日常生活进行编排，温馨中带着幸福，搞笑中带着泪点，如图 2-5 所示。因此，要想创作好的短视频创意方案，除了对日常生活进行积累，还需要多观察身边的人和事并进行发散思维创作。

朱两只吖的视频 1

朱两只吖的视频 2

图 2-5　朱两只吖账号

朱两只吖的视频 3

10. 拍摄剧本

拍摄剧本即短视频的主要内容,可以分为大纲剧本、文学剧本、分景剧本、分镜剧本。针对新闻纪实类或者 Vlog 短视频可以采用大纲剧本,罗列拍摄要点、时刻;文学剧本则是通过一段文字交代故事的发生时间、发生地点、情节等内容,多用于 Vlog 情景剧的拍摄;分景剧本则是根据场景的不同列出要拍摄的内容;分镜剧本也叫分镜头脚本,按照镜头序号、景别、运镜、画面内容、旁白、字幕、参考画面、BGM 等项目罗列每一个镜头要拍摄的内容、方法和效果。不论什么样的剧本,其内容都要具有创意性,因为只有具备垂直度和深度的短视频内容才能给观众留下深刻印象。

11. 拍摄准备

根据剧情内容需要罗列拍摄准备清单,准备在拍摄的过程中所用到的服饰、道具、场景、灯光等物料,包括拍摄地点的说明以及许可的情况说明。

12. 团队分工

明确团队成员的职责、任务,确保拍摄前期、中期、后期都有相关人员负责。(具体岗位分工详见第一章内容)

13. 时间计划

时间计划即完成该项目的周期计划,从洽谈项目开始按天计算,列清每一阶段的任务工作,如策划、拍摄、剪辑、初稿、终稿等起止时间。

14. 推广策略

推广策略包括短视频后期推广的途径和方法,如推广平台的选择、推广时间、推广方式等,针对部分内容可按需选择付费推广渠道,快速实现营销目标。

15. 文案撰写

文案是短视频上出现的文字,一般在 15～20 字之间,占据 1～2 行的位置,最多 50 字左右,需围绕用户来写。建议文案撰写从以下几点入手:

(1)引发用户共鸣:不论是短视频方案还是文案内容,需在第一时间让用户看到后觉得直击内心,说出了他们内心的声音。比如在短视频内植入洗碗机广告,可以在文案策划上表现"洗碗不光是为了省事,更是让夫妻间不为了'这次谁洗碗'而吵架,也让你们有更多的时间陪伴孩子",引发年轻妻子的共鸣,激发她们继续看下去,甚至点赞或转发给自己的老公。这便使你的短视频实现互动性,提高用户的黏性。

(2)增加用户好奇心:在文案中设计悬念,让用户对视频内容产生好奇心,想要知道下一步是什么,结局是什么,勾起用户的兴趣,从而观看完整的视频。

16. 经费预算

经费包括短视频创作过程中所产生的一切费用。由于团队规模与水平不同、视频时长不同、内容不同,所产生的费用一般也不同。一般情况下,为了保障视频拍摄过程的顺利进行,建议预算总费用略高于实际耗资。

17. 应急预案

应急方案包括短视频过程中所发生的一切问题的对策,尤其在拍摄过程中,针对拍摄限制、拍摄安全等问题所做出的一系列预案。

表 2-1 所示的短视频方案策划表涵盖了上述基本内容，供读者参考。

表 2-1　短视频方案策划表

拍摄片名			拍摄主题				
视频时长			视频类型				
影片风格			受众分析				
背景音乐			经费预算				
选题依据							
创意要点							
拍摄剧本							
团队分工	岗位	成员		职务描述			
	导演						
	策划						
	摄像师						
	剪辑师						
	主演						
	运营推广员						
拍摄准备	设备	灯光		道具	造型		场地
时间计划	洽谈	策划	文案撰写	脚本撰写	拍摄	剪辑	初稿	终稿
推广文案								
推广策略								
应急预案								
拍摄脚本	镜号	景别	时长	内容解释	字幕	音乐	旁白	参考画面
	1							
	2							
	3							
	4							

2.3　策划方案的基本流程

制作优质的短视频,前期需要有一份细致、缜密的方案规划,前期策划详细、完整,才能提高中期的拍摄效率和后期的制作质量,有助于短视频的推广运营。短视频策划的基本流程大致可以分为以下几个步骤。

1.组建创作团队

对于较大型创作团队来说,团队一般由内容策划、编导、演员、摄像师、剪辑师、推广员等几个岗位组成,这就需要明确每个岗位的任务分工与职责范围。对于中、小型团队来说,由于人员较少,可以根据实际情况调整分工任务。

2.确定视频内容主题

视频主题就像文章的中心思想,要传达给读者关键信息。短视频策划时,创作者可以提前布局主题思路,确定整段视频的定位、主线和热点。通常情况下,在确定主题后,可以利用思维导图,将视频创作的相关素材进行归纳和提炼,切记内容要纯粹,不能盲目贪多,过于杂乱会造成观众思维困惑。比如节日主题,春节和中秋属于团圆的日子,可以突出家乡和亲情等主题;七夕和情人节属于爱情见证的日子,可以涉及求婚和纪念日;国庆节是歌颂祖国的日子,会和红旗、强国、强军等内容联系一起;等等。

3.制定时间计划

制定时间计划,可以让编导的脚本按照预计的时间完成出片,也为拍摄和剪辑人员明确工作目标,提高工作效率。

4.编写剧本与分镜头脚本

明确视频主题后,紧接着就需要写剧本、制作拍摄脚本,这需要花费许多时间和精力,也需要长期的知识积累。对于拍摄短视频而言,剧本是总纲,脚本是对拍摄效果的进一步细化,脚本能使短视频的内容逻辑清晰,在拍摄中更加顺利,提高拍摄效率。

知识小贴士:

在短视频拍摄中,不能漫无目的地想到什么就拍什么,这样会使拍出来的作品质量不高,并且造成时间、人员、素材的浪费。因此,在拍摄前要有完整的视频脚本,要明白拍摄的时长、角度、道具、人员、场地,等等,团队成员根据脚本的内容相互配合才能高效完成拍摄。

5. 制订推广方案

初步拟定推广渠道、推广方式，撰写推广文案，为后期短视频的推广运营做好前期规划，后期推广过程中可按需对推广方案做调整。

6. 罗列费用清单

罗列详细的拍摄清单与应急预案是提高拍摄效果、确保拍摄工作顺利进行的必要条件，它包括拍摄前期准备和拍摄预算清单。策划人员在视频正式拍摄前，需要将涉及拍摄的场地、人员、剧本情节、服化、道具、机位等做好规划，避免像无头苍蝇一样东拍一段、西拍一段，在拍摄时，要尽可能避免不必要的时间和精力浪费。

2.4 策划方案的创意方法

短视频策划的创意方法很多，下面笔者就结合自身创作实际，列举几种常用的创意方法。

1. 观察生活法

通过观察生活，以第一人称视角来记录身边的人和事，这种拍摄生活日常趣事和情感的方式容易引起用户共鸣。也正是因为接地气才更容易拉近与用户之间的距离，从而达到娱乐性与传播性兼备的效果。

例如，"疯产姐妹"开始创作以美食类为主的视频，偶然的机会因分享了闺蜜之间日常生活的搞笑整蛊视频而快速吸引大批粉丝，于是"疯产姐妹"便转型做生活类视频，输出的日常趣事更贴近观众实际生活，女主邵雨轩"贝勒爷"的形象与其他博主相比也更加真实接地气，为此，"疯产姐妹"一度登上热搜排行榜，成为网友们讨论的对象，让用户看完后意犹未尽。

2. 头脑风暴法

头脑风暴法是一种源于广告设计公司创作的思维方法，是一种运用发散与聚合思维而展开无限想象的思考方法。创作者可以打破常规，不受任何外在因素干扰，以讨论的形式畅所欲言地表达自己天马行空的思想，讨论之后再将创作者的思想进行归纳总结，找出适合或有用的创意点，再进一步讨论，最终完善创意方案。头脑风暴法建议多人或不同职业、不同年龄的人一起完成，可以碰撞出更多灵感，并能了解到不同职业和年龄的人群对主题的想法，从而能够更加精准地完成方案制作。

3. 模仿法

创作者可以根据账号定位加入个人特色，模仿当下流行的视频，通过翻拍或剪辑等形式在原有作品的基础上进行再创作。需要注意的是，模仿不能作为长久创作的灵感来源，想要使账号有更多的关注,还是需要有特色的原创内容。

4. 故事结构法

通过讲故事的方式拍视频,是目前策划短视频最常用的方法之一。可以利用一些固定的故事结构进行内容策划,无论是一部完整的电影或电视剧的故事,还是只有 1～3 分钟甚至十几秒的短视频故事,其故事结构都是相似的。

故事的结构通常由开端 + 中端的铺垫 + 结尾组成。正如你在做一次演讲,首先说明演讲主题是什么,再开始正式讲述主题内容和过程,最后做这次演讲的总结。此外,创作者也可以在"开端 + 中端的铺垫 + 结尾"的结构上,添加一些趣味性、刺激性、悬疑性,让整段故事有起落高潮,比如:创建目标 + 过程努力 + 些许阻碍 + 克服阻碍 + 结果。创作者还能以故事倒叙的方式,根据表达的需求,把事件的结局或某个最重要最突出的片段提到视频前面,再从事件的开头按照事件发展的顺序进行拍摄,如"结果 + 开头 + 意外 + 转折 + 结局",这种倒叙结构以经典电影《阿甘正传》为代表。

5. 知识传授法

能不能为用户提供价值,是衡量一个短视频有没有用的关键。如何让短视频在有情、有趣、有品的基础上更"有用"是值得每一个创作者思考的问题。知识传授法是为用户提供"有用"短视频的最直接、最简单的创作方法,创作者将自己的经验和所学的专业知识,以通俗易懂的方式传递给用户,这种方法能保证账号内容有较高的垂直度,容易收获相关群体的喜爱,如:科普、测评、汽车、母婴、美妆、养生、育儿、美食等选题。博主"无穷小亮的科普日常"是《博物》杂志的副主编,开头一句"鉴定一下网络热门生物视频"吊足用户的胃口,在好奇心的促使下,用户可以耐心地将视频完整播放,在享受欢乐的同时学习科普知识。需要注意的是,知识传授法需要创作者对某一专业领域知识有不断积累。

6. 剧情反转法

所谓"反转",即与预想的结局不一样,如果正常的结局是 A,那么反转结局就一定不是 A。剧情反转设计可以化解故事平淡,让剧情变得跌宕起伏,以异类结局吸引更多用户。剧情反转法要求创作者不能以正常的逻辑给故事结尾,如 A:"一位老太太在走路,突然倒地,刚好遇到一位好心的姑娘将她扶起来",这是正常结局。B:"一位老太太在走路,突然倒地,刚好遇到一位好心人将她扶起来,老太太突然醒来碰瓷好心人要求赔偿",这属于欺骗反转。C:"一位老太太在走路,突然倒地,刚好遇到一位好心人将她扶起来,老太太突然醒来碰瓷好心人要求赔偿,这时老太太撕扯好心人衣服不让其离去要求报警,并使眼色示意好心人旁边有坏人",这属于打脸反转。剧情反转方式有很多,要具体情况具体分析,但为了满足观众的喜好,体现正能量价值导向,剧情反转法的结局一般是圆满的。

7. 场景扩展分析法

场景扩展分析法是围绕目标用户的关注点做场景扩展的方法,要求迅速找到内容方向,再将内容场景和细节进行分解,具体策划每个画面、配音和文案。比如针对 18～22 岁大学生,可以围绕校园生活、寝室、学习、比赛、运动、闺蜜情或兄弟情等绘制常见或容易产生矛盾的场景,如寝室内的对话、运动会的训练操场、激烈的辩论赛等。这些场景都可以延伸出很多内容，久而久之，灵感便可以不断地涌现出来。

2.5　短视频策划的注意事项

短视频策划的目的，一是将创作前期复杂零碎的准备工作规范化，使主要的工作方案更容易落实；二是为了创作后期能呈现出更加完整、出彩的短视频内容，从而增加该内容在同类短视频中的竞争力。那么，在新媒体市场接近饱和的状态下，短视频策划应该注意哪些问题呢？

1. 从用户角度做选题

定位清晰的选题能获得更精准的粉丝，能更好地实现转化，所以，在策划阶段一定要分析用户数据，确定好短视频的主题。

那么，我们该如何衡量视频选题的优劣呢？大家可以尝试通过以下"三连问"进行选题自检，即是否能满足用户好奇心，解决用户问题？是否满足了用户表达欲，与用户产生共鸣？是否考虑了用户的利益，与用户切身相关？总之，要从用户角度出发，客观分析选题内容。

2. 注重内容的垂直性和原创性

垂直深耕的内容具有维持用户黏性、吸引用户群体、扩大视频影响力的作用。在某一领域内深耕方案的内容，加上后期精良的制作，便能不断地吸引精准用户，维持用户黏性。如"一条匠心"专注于分享不同匠人的故事，垂直挖掘每一位有工匠精神的手艺人背后的故事，吸引一些热爱手艺用户群体的关注，这类弘扬传统手工艺的方案更加容易引起精准用户群体的讨论，甚至还会成为同行或权威媒体的关注对象，如图 2-6 所示。

原创是短视频创作的根本，一段优质的原创视频，胜过无数平淡寡味的视频。清晰的画质、有创意的文案、新颖的表现方式、吸睛的标题和图文等，都是审核、评判视频优劣的要素。短视频平台大力支持鼓励原创作者，在健全的法律体系面前，容不得半点投机取巧，一旦被平台检测或被举报抄袭他人作品，轻则限流、禁言，重则封号，之前的努力也会付之东流。

知识小贴士：

为了提升账号的垂直度，每一条短视频内容都应该主题一致，切忌东一榔头西一棒槌式的创作，主题不一的作品会让平台错误地判断你的作品质量，粉丝也就不精准，账号活跃度也会大打折扣，点赞数、评论数、收藏数、转发率、完播率等都会受影响，所以，垂直深耕的内容是留住粉丝、提升用户关注度、维持用户黏性的关键。

一条匠心的视频 1

一条匠心的视频 2

图 2-6   "一条匠心"账号

3. 不能过于广告化

当短视频达到一定播放量时,往往会在内容中穿插广告。广告宣传目的过于明显,很难引起用户的互动完播率也会大打折扣,账号内出现过多的广告内容,可能会降低用户的持续关注度。当然,若视频内容本身的价值高,则可以降低用户对广告植入的厌恶感。

4. 避开敏感和违规词汇

策划拍摄短视频不能触及法律红线,创作者要时常关注视频平台发布的通知和动态,避免涉及政治敏感的话题,暴力血腥、低俗、庸俗、色情、哗众取宠等会造成严重不良影响的内容也不可以出现在视频中,以免导致账号被禁言、被封等不良结局。

创作者可以在"axure 小课堂""禁用词查询""句易网"等文章检测网站进行敏感词和违规词查询,避免出现违规情况,如图 2-7 和图 2-8 所示。

图 2-7   axure 小课堂网页

图 2-8 禁用词查询网页

5. 传播正能量，避免虚假内容

国家广电总局一直倡导，短视频应以传播正能量为根本，视频内容不能出现消极引导、打架斗殴、涉黄赌毒等内容。凡是违背行业规范和平台规则的短视频都不能被平台推送，如有触及法律的内容，轻则视频被限流，重则受到法律制裁。

另外，短视频既不能包含错误虚假有害内容，也不能夸大商品的使用效果来引诱消费者购买。在《网络短视频内容审核标准细则》中明确了网络播放的短视频节目，及其标题、名称、评论、弹幕、表情包等，其语言、表演、字幕、背景中不得出现的 21 类、100 项内容。短视频创作者一定要熟悉该标准细则，避免视频内容造成不良影响。

2.6 短视频的脚本撰写

1. 为什么要写脚本？

想要短视频出彩，需要有优质的内容产出。短视频时长虽只有 1~3 分钟甚至十几秒，但好视频中的每段故事和每个镜头都是由创作者精心设计的。脚本是短视频的大纲，用来确定整段视频的拍摄细节和结构设置，对于剧情类短视频来说尤为重要。比如，导演在筹划拍摄一部电影时，需要事先设计好影片中的每个镜头，只有预先清楚拍摄的内容、角度、场景、时长和剪辑等关键要素，团队成员才能各司其职，按要求完成拍摄，最终高效地完成制作过程，这正是撰写脚本的目的。

脚本的格式并不是固定单一的，能够清晰地将脚本内的信息传达到团队各成员中即可。脚本需要明确短片故事的发生背景、发生地点、发生时间、角色人数、对话旁白、肢体语言和情绪变化等内容。

2. 分镜头脚本设计

（1）短视频主题。

根据账号定位确定视频主题，比如旅行类主题账号可以拍摄景点打卡。

（2）场次。

一段短视频中将要出现多个场景，应明确每个场景分别对应哪段内容。

（3）拍摄顺序。

拍摄顺序根据场次来安排，如一段视频中多次出现同一个场景，但需要在不同时间出现，在拍摄前就要提前标注，尽可能将需要在同一场景中拍摄的内容一次性拍完，避免重复更换场地，造成人员和时间的浪费。

（4）氛围。

拍摄氛围指拍摄时需要刻意设计营造的符合主题的拍摄氛围，包括预设灯光、机位、色彩搭配、道具、构图、摄像机参数，等等。

（5）场景。

拍摄场景即拍摄环境，如咖啡厅、餐厅、家、车内、菜市场、超市、办公室等场景。

（6）景别。

景别指相机与被拍摄主体之间，因距离而造成画面中主体呈现的大小区别。一般分为远景、全景、中景、近景和特写。

（7）角度。

拍摄角度分为拍摄高度、方向和距离。其中，拍摄高度分为俯拍、仰拍和平拍。

（8）运镜。

镜头的运动方式有推、拉、摇、移、升、降、跟、伸、缩等，在这之前还要先了解镜头的起幅和落幅，可以根据视频内容将运镜嵌入其中。

（9）演员。

剧本中的角色人物包含男一号、女一号、男二号、女二号、路人甲等。

（10）服装和道具。

根据不同的场景的要求准备搭配的服装、配饰、道具，但要注意道具不能过多，不能过于花哨，否则容易抢镜。

（11）内容。

内容指视频中演员的台词和旁白等。剧情类短视频中每个画面不宜出现过多的台词，否则会让观众感到疲惫，完整播放率受影响。

（12）视频时长。

视频时长是指镜头时长，可以根据整段视频的总时长大概估算单个镜头时长，以便在拍摄时控制好拍摄时间，也方便后期剪辑。

（13）拍摄参照（图文举例）。

在实际拍摄中会发现拍摄效果与预想存在差异，这时可以找一些类似的样片与摄像师沟通，方便摄像师了解拍摄诉求。

（14）背景音乐。

背景音乐是短视频拍摄的重要组成部分，选择合适的音乐可以给短视频加分。

（15）备注。

在脚本的最后一栏加上备注，写下拍摄时需要注意的事项，方便团队成员理解。

表 2-2 所示脚本是以"穿越百年 / 见证辉煌"为主题的作品。

表2-2 《见》脚本设计

场次	编号	拍摄顺序	氛围	拍摄场景	景别	角度	镜头运动	演员	服装	道具	内容	时长	拍摄参照	背景音乐	备注
1	1	1	阴天（灰色）	街道	中近景	平	拉	盲人学生		纱布（蒙住双眼）、导盲棍	一位盲人学生独自走在路上	8s			
	2				中景	侧	固定				拍摄盲人侧面，强调墙面文字	8s			
	3			马路边/斑马线	特写	侧	跟				注重导盲棍的拍摄	6s			
	4				中景-全景-特写	侧-前	拉-跟	盲人学生、两名小学生		纱布（蒙住双眼）、导盲棍、红领巾	小学生扶盲人学生过马路，注意盲人学生手摸到红领巾特写	12s			提前找好小学生演员
2	1	2	室内（灰色）	图书馆	近景-特写-中近景	侧-后-前	跟-拉	盲人学生		纱布（蒙住双眼）	透过书架拍盲人学生在图书馆内手摸书架	17s			
	2				特写-中近景	前	拉	盲人学生、志愿者		纱布（蒙住双眼）、志愿者袖圈	志愿者询问盲人学生有什么需要帮忙的，然后帮忙寻找书本，找到后给盲人学生一个特写	25s			《决心与勇气》
	3				近景-特写	后	跟-摇			纱布（蒙住双眼）	志愿者朗读盲人书本内容，盲人学生耳朵特写（加文字）	12s			
3	1	3	室外操场（灰色）	操场	全景	侧	跟-拉	盲人学生	简单黑白灰	纱布（蒙住双眼）、导盲棍	盲人学生独自在操场上行走	8s			
	2				中景	前	跟	盲人学生、两名路人学生			两名学生搀扶盲人学生跑步	7s			
	3				近景	前-仰	拉			纱布（蒙住双眼）、导盲棍	盲人学生因跑得太快而摔倒	8s			
	4				特写	侧-平	固定				盲人学生的手在寻找方向，这时两名学生伸出援手（文字出）	10s		"as she passes"	
4	1	4	室内（灰色）	课室	中近景	后-侧	拉	盲人学生、老师		纱布（蒙住双眼）、笔、纸	老师手把手带学生写"入党申请书"	4s			提前与老师沟通好
	2				特写	侧	跟-摇				老师手把手带学生写"入党申请书"，双手和文字特写	15s			
	3			宿舍	近景-全景	后-侧	拉	盲人学生		纱布（蒙住双眼）、尺、笔、纸	学生自己回宿舍拿尺衡量写"入党申请书"	7s			
5	1	5	室内（环境色）	办公室	特写	侧	固定	盲人学生		党徽、《党章》	盲人学生接过党徽和《党章》爱惜地抚摸	12s			党徽与《党章》要崭新的
	2					前	拉			党徽	盲人学生佩戴党徽	3s			
	3				特写-近景-中景	前				党徽、纱布（蒙住双眼）	盲人学生佩戴好党徽后站在党旗面前	6s			
6	1	6	片尾	思政馆			淡出		/		字幕：穿越百年，见证辉煌	5s			

📖 |课后习题|

一、选择题

1. 短视频策划选题的基本原则有(   )。

A. 选题与定位一致   B. 选题以用户为导向

C. 选题内容输出有价值   D. 选题内容紧追时事热点

2. 策划方案的基本要素不包括(   )。

A. 鲜活的思想   B. 优质的文案

C. 吸睛的标题   D. 完整的脚本

3. 短视频策划的创意方法不包括(   )。

A. 头脑风暴法   B. 剧情反转法

C. 投机取巧法   D. 故事结构法

4. 策划方案的注意事项正确的是(   )。

A. 目的清晰   B. 内容原创优质

C. 可以广告化   D. 避开敏感和违规词汇

二、判断题

1. 财经类与健康领域的短视频较多,门槛较低。(   )

2. 短视频策划不需要价值引导,用户喜欢就行。(   )

3. 策划短视频选题时,要了解作品的精准用户群体,即思考"要将短视频内的信息传递给谁?"(   )

4. 模仿法不能作为长久创作的灵感来源,要想使账号有更多的关注度,还是需要有特色的原创内容。(   )

5. 短视频策划最重要的是选择专业的演员。(   )

📖 |任务实训|

1. 分析文中脚本格式,总结脚本撰写的要素。

2. 团队合作策划一个短视频账号,简单分析用户画像,并确定选题和短视频主题。

3. 模拟文中脚本样式,将确定好的短视频内容撰写成拍摄脚本。

Duanshipin Chuangzuo yu Yunying（Cehua、Paishe、Jianji、Tuiguang）

第三章

短视频拍摄

知识学习：本章主要内容包括短视频常用拍摄工具的使用方法、不同拍摄场景的搭建方法、布光技巧与运镜方式、景别与镜头组接设计、短视频构图形式等，为短视频创作中期素材拍摄技术提供理论指导。

技能提升：通过本章学习，创作者要掌握智能手机和专业摄像设备的操作方法，理解镜头运动和景别类型，能合作完成短视频拍摄所需的布景和布光工作，完成主题拍摄任务。

素质养成：本章在摄像器材使用部分着重培养学习者的安全意识，在场景布置实训中培养不怕苦不怕累的劳动精神和团队意识，在镜头设计与拍摄实践中更侧重提升学习者的审美素养和职业能力。

当短视频策划方案确定后，接下来就是要用镜头对方案内容进行画面诠释和落实，即进入创作的中期环节——短视频拍摄。本章将向大家介绍短视频拍摄的器具设备、场景搭建方法、布光技巧、运镜方式、景别组接、画面构图等重要内容。

3.1　拍摄工具的使用

在短视频拍摄中，摄像器材的选择与使用非常重要，目前常用的拍摄器材主要有智能手机、专业相机、航拍无人机等；辅助设备有稳定设备、录音设备、灯光设备等。

3.1.1　常用的拍摄器材

1. 智能手机

智能手机是最常见、使用频率最高的拍摄工具，最大的优点就是便携、易用和交互性强。当人们发现新鲜的事、物、景时，便可以随时随地拿起手机采集想要的视频片段或者照片，为后期短视频创作积累更多素材。

智能手机拍摄的优势：智能手机拍摄界面简约，功能操作简单，不受摄影专业知识限制，用户可以轻松驾驭；部分手机 App 还有一键成片功能，方便用户及时发布内容到网络平台与其他用户进行交流互动。

智能手机拍摄的不足：相比专业相机或摄像机而言，手机因受内置镜头的光学性能、内置的图像处理器、感光元件的色彩深度、镜头面积大小等的限制，在成像质量和个性化设置方面远不及专业摄像设备。此外，大部分中低端手机在防抖、抑噪、焦距调节方面还存在很多功能限制，即便是顶级的手机配置，在摄影摄像方面尚未能与专业设备相比拟。

手机拍摄小技巧：

a. 开启相机九宫格网格线（图 3-1），有助于拍摄时确定水平线和画面构图，如检查场景的地面是否水平，画面构图是否合适。

b. 正确对焦，轻触画面焦点，确保画面对焦清晰、虚实合适、亮暗分布均匀，再按拍摄／摄像按钮。

c. 注意防抖，有条件的用户建议使用手机稳定器辅助动态摄像，如果没有稳定器，一定要提高拍摄素养，建议双手持机＋屏住呼吸（图3-2），在运镜的过程中建议屈膝缓步移动，尽量减少因微抖动造成的画面模糊。

图 3-1　构图网格线

图 3-2　持机姿势

2. 专业相机

摄影摄像常用的专业相机主要包括单反、微单、卡片机等数码相机和专业摄像机，下面具体介绍。

单反数码相机（图3-3）：单镜头反光数码照相机，简称单反，有半画幅和全画幅之分，具备多种手机无法比拟的优点，录制视频操作方便，能快速直观地调节曝光及景深参数。另外，单反一般都会搭配不同的镜头使用以更好地发挥其设备优势。不同焦段、不同类型的镜头能够产生不同的拍摄效果，以适应不同用户的拍摄需求。

然而，单反也有自身的不足，比如机身较重、专业性较强、价格较贵等，一般新入门用户比较难驾驭，需要具备一定的专业摄影知识。能够吃苦耐劳和愿意投入是选择单反的前提，建议有一定积淀的用户或者团队选用。

微单数码相机（图3-4）：简称微单，相比单反而言，微单的机身小巧，携带方便，适合多种场合拍摄，尤其适合Vlog旅行拍摄。由于大多数微单没有光学取景器，在弱光环境下取景会比较困难，所以建议大家在光照环境好的场合或者健全光照环境的情况下再进行拍摄。

图 3-3　单反数码相机

图 3-4　微单数码相机

卡片机(图 3-5)：卡片机具有外观时尚、液晶屏幕较大、机身小巧纤薄、操作便捷、价格相对较低等特点，能随身携带，成像质量虽然比不上单反、微单那么精细，但相比大多数手机成像质量来说，卡片机还是更胜一筹。

专业摄像机(图 3-6)：专业摄像机大致分为一体式摄像机和可拆卸镜头摄像机两大类型，一体式摄像机由于体积小、方便携带等特点，主要用于普通的生活记录和新闻采访；可拆卸镜头摄像机成像质量较好，价格相对较贵，有初级电影摄像机、演播室摄像机之别，但是由于体积较大，携带比较麻烦，一般用于比较专业的短视频、电影录制。

图 3-5　卡片机

图 3-6　专业摄像机

3. 航拍无人机

航拍无人机(图 3-7)是由无人机和自带防抖的云台相机共同组成的，无人机搭载的相机具有成像清晰度高、拍摄场景大、角度选择高等特点，经常用于对大环境进行取景，如城乡风光、山川河流等场景。

温馨提示：

1. 航拍无人机行业对从业者资质要求较高，用户需要具有"无人机驾驶员执照"，并获得飞行空域的审批后才能起飞；

2. 航拍无人机对飞行环境要求比较严格，需要在空旷的环境下飞行，如遇大风、雨雪天气则需尽快返航。此外，从业者还要懂得禁飞区等法律要求，不能在机场、军事区和明令禁飞的区域起飞。

图 3-7　航拍无人机

3.1.2 常用的辅助设备

1. 摄像稳定设备

影像脚架：影像脚架是用来稳定手机、相机、摄像机在固定机位拍摄短视频或照片的辅助工具，有独脚架（图3-8）和三脚架（图3-9）之分。利用脚架拍摄短视频时，拍摄角度主要依托相机云台进行转动调节，在一定程度上能实现俯拍、仰拍、平拍及环绕镜头的拍摄，此外，还可以给脚架安装导轨或滚轮实现一定区域的移动。

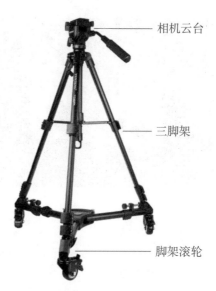

相机云台

三脚架

脚架滚轮

图3-8　独脚架及云台配件　　　　　　　　　　图3-9　三脚架

手持稳定器：手持稳定器的主要作用是防止手机或相机动态拍摄短视频时产生的抖动、模糊。如拍摄Vlog和运动场景时，用户需要走动甚至跑动，借助稳定器能够拍摄出稳定、清晰、顺畅的画面。按照器材构造不同，手持稳定器分为单轴、双轴、三轴；按照体积、重量不同，手持稳定器又有单手握持式（图3-10）和双手抓举式（图3-11）之别；不同类型的稳定器又有不同的特点和算法。目前手持稳定器技术成熟已经成为标配，主流品牌有大疆、智云等。

图3-10　单手握持式稳定器　　　　　　　　　图3-11　双手抓举式稳定器

2. 录音设备

声音输入是短视频创作必不可少的内容,常用的手机、相机、摄像机都有内置麦克风,但是存在使用范围小、噪声大等问题,无法满足专业用户的录音需求,所以,很多人在短视频录制过程中常常会使用外置话筒,根据录音距离和需求,选择小蜜蜂无线话筒或者指向性话筒。

无线话筒:无线话筒是短视频拍摄常用的收音设备,主要由领夹麦克风、声音发射器和声音接收器三部分组成,如图 3-12 所示。其中,领夹麦克风经常会隐藏在表演者的颈部附近,声音发射器由表演者随身携带或放置在隐蔽的地方,声音接收器则与相机机身连接。

指向性话筒:指向性话筒通常安装在相机顶部(图 3-13),有全指向性、双指向性和单指向性之分。全指向性话筒能够获取多方向的声音,不受话筒方向影响,能同时捕获人声和环境音;双指向性话筒又叫 8 字话筒,主要捕获左右两边的声音,适合两人对话式的场景录制;单指向性话筒对单一方向的声音比较敏感,在户外拍摄使用较多,用户可以根据拍摄距离的远近适时采用挑杆辅助录音。

图 3-12 无线话筒

图 3-13 指向性话筒

知识小贴士:

短视频常用的录音方式有现场录音和后期配音两种。

现场录音的声画同步性更高,声音还原更真实,多适用于有特殊环境音场景的声音采集,如街边场景、车站场景、校园场景等。这些场景因为有较大的环境音,后期很难配音,所以现场同步录音比较合适,但录音难度也比较大,建议使用指向性话筒,配合后期修音方式提高录音质量。

后期配音有专业播音员配音、自己配音和文字转语音等方式,音质清晰、操控性较高,多适用于广告配音、旁白和弥补有回声的场景。为了获得更真实、更圆润的录音效果,建议选择封闭性的小空间进行录制,装饰材料的吸音和隔音效果要好,同时录音者与话筒应保持 1~3 个拳头的距离,避免出现因话筒距离过近、人声过大造成的音频溢出,减少爆音、喷麦等现象的发生。

3. 灯光设备

在短视频拍摄过程中，若画面光线不足或者亮暗对比过大则会严重降低影像质量，为后期剪辑带来较大困难，为此，合理地选用灯光辅助拍摄就显得十分重要。

柔光灯具：柔光灯以柔化照明光线、美化被摄对象为目的，通常由 LED 灯和柔光罩组合而成，灯罩箱体越大，柔光效果越好。常见的柔光灯有直播环形灯、四角柔光灯、八角柔光灯（图 3-14）、直播柔光球等，具体使用方法见 3.3 节短视频布光技巧。

硬光灯具：与柔光灯相比，硬光灯没有柔光装备，发出的光线较硬，通光量较大，一般用于大场景的环境照明，用户根据拍摄需求可以装载遮光挡板或者束光灯罩来改变光照范围。硬光灯具根据行业用途不同又有泛光灯和投光灯之别，其中，泛光灯是室内拍摄的主要照明工具（图 3-14），通过漫射、无方向的光束照亮整个拍摄场景，多个泛光灯同时使用能够削弱不必要的阴影，让画面更通透；而投光灯主要是聚光灯、射灯等聚集性光源，光照范围较小，亮暗关系明确，一般用于舞台拍摄或者戏剧性的氛围营造。

便携灯具：便携灯具一般体积较小，光照范围有限，适合小场景、近距离的短视频拍摄，有手持棒灯、相机环形灯（图 3-15）、方形面灯、口袋补光灯等类型。

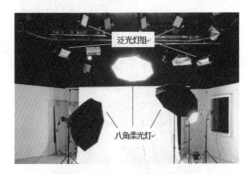
图 3-14　室内摄像灯具

图 3-15　相机环形灯

4. 其他设备

摄像滑轨：摄像滑轨分为电动摄像滑轨和手动摄像滑轨，其中电动摄像滑轨是将摄像机安装在金属轨道上，由电子程序控制移动速度的辅助装置，主要用于运动镜头的录制，如图 3-16 所示。

提词器：提词器是一种文字辅助工具（图 3-17），为演员提供台词提示，多用于口播类、知识分享类等短视频的拍摄。

拍摄道具：短视频场景搭建使用的道具根据用途不同，大致分为陈设道具、戏用道具、连戏道具、气氛道具。

（a）陈设道具主要起环境营造的装饰作用，如办公场景的文件柜、桌椅，家居场景的窗帘、家具等。虽然陈设道具不能直接参与剧情互动，但是必不可少。

（b）戏用道具是与主角产生直接互动的道具，如考试场景的纸、笔，穿搭场景的衣物，美妆场景的化妆品等，是短视频剧情的必需品。

（c）连戏道具主要作用是表现故事的连续性，如在一个美食场景中呈现服务员上菜，演员吃菜的场景时，这盘菜就是连戏道具，起到承上启下的连戏作用。

（d）气氛道具主要为剧情营造场景氛围，如娱乐场景的彩灯，战争场景的硝烟等，让故事情节更逼真，观感体验更深入。

图 3-16　电动摄像滑轨

图 3-17　提词器

3.2　场景搭建方法

对于短视频拍摄而言,场景搭建是影响画面视觉美感最直接、最有效的手段之一。根据短视频的内容和拍摄需求不同,拍摄空间和道具的选用也各有区别。其中,短视频拍摄的场景大致分为微型场景、小型场景、中型场景和大型场景几类,不同面积的场景在搭建过程中对道具选取、颜色搭配、灯光设置等方面也都有不同的要求。

3.2.1　微型场景搭建

微型场景,顾名思义是以特写镜头为主的特小场景,主要表现表演者的手部动作或者胸部以上的肢体、面部动作,道具常常由一个台面或者一个简单的墙面组合而成。由于场景面积较小,搭建方法简单,容易造成单调或局促感,因此,微型场景布景要求台面或墙面干净、整洁,不应该有多余的干扰物品;在环境颜色搭配上,建议选择浅色和纯色为主,不建议使用深色和过于明显的花纹图案。微型场景由于操控性强、容易驾驭,常见于产品测评类、手工技能类和美妆护肤类短视频的拍摄,如图 3-18～图 3-20 所示。

3.2.2　小型场景搭建注意事项

小型场景较微型场景而言,能够给表演者一定的展示空间,场景面积在 10 平方米左右。为了延伸场景空间,建议借用墙角、窗帘、窗纱、镜面作为背景,根据不同的视频内容,选择性地搭配绿色植物、简易家具或者其他装饰品为衬托,既不会让空间感觉拥挤,又增添了画面情趣,增强了场景纵深感。布景道具的色彩、质感、大小、形态,表演者衣物、妆容的选择,拍摄取景,布光照明的角度,这些场景内容都需要进行严格考量,建议根据内容灵活调整。小型场景一般适用于美食制作类、服饰穿搭类、才艺表演类等短视频的拍摄，如图 3-21 ~ 图 3-23 所示。

图 3-18　产品测评类场景

图 3-19　手工技能类场景

图 3-20　美妆护肤类场景

图 3-21　美食制作类场景

图 3-22　服装穿搭类场景

图 3-23　才艺表演类场景

3.2.3　中型场景搭建

　　当短视频策划需要两个及以上的角色进行互动时，就需要有足够的场景空间安排主角与配角之间的位置关系，满足人物的活动范围；还需要依据脚本内容增加道具，使环境更真实，故事更有带入感。如家庭情境类场景需要增设家具、家私，在日光或暖色灯的照明环境下，营造温馨、和谐的生活环境；职场、求职类场景需要增加办公设备、设施，在自然光或冷光的照明环境下，再现严谨、干练的办公环境。中型场景的搭建除了要满足短视频剧情拍摄的需求，还应该传达出积极向上、美好生活的价值理念，如图 3-24 ~ 图 3-26 所示。

图 3-24　亲子生活类场景

图 3-25　求职办公类场景

图 3-26　学习生活类场景

3.2.4　大型场景搭建

　　对于短视频拍摄而言,大型场景容纳的人数较多,往往有数量不等的群众演员参与,场面较中小型场景更难把控。常见室内大场景有厂房、车间、食堂、大型娱乐场所、办公场所等,常见的户外大型场景有校园、车站、码头、市场等,如图 3-27 ~ 图 3-29 所示。由于外景有许多不定因素,因此要在拍摄前做好应对预案。

　　短视频布景师在场景搭建时既要有宏观把控意识,又要有微观调控能力,既要做好整体布局,又要细化局部搭配。同时,大型场景对拍摄技术和拍摄设备要求也非常高,建议使用专业相机,调节好景深和拍摄角度,弱化不必要的行人和物体。

图 3-27　科幻剧情类场景

图 3-28　情感生活类场景

图 3-29　校园生活类场景

3.2.5　虚拟场景搭建

　　虚拟场景跟以上几种现实场景最大的不同在于其自身的虚拟性，常见的就是虚拟演播室（图 3-30），利用室内绿幕或蓝幕箱体拍摄，通过后期抠像、合成来呈现一种视觉真实感。虚拟场景搭建要求提前准备好相应的场景图像素材，可以是录制的现实环境，也可以是软件制作的科幻场景。由于一切物体环境都是虚拟的，因此这类场景对演员的表演技能要求较高。

图 3-30　虚拟场景搭建

3.3　短视频布光技巧

　　短视频拍摄用光分为自然光和人工光。其中，自然光是指日光、月光、星光、雪光等非人为因素产生的光；人工光是指经过人工有意安排的各种灯光、火光等。

3.3.1　光线的作用

1. 刻画形象

　　不同的光线能表达出不同的情绪，如清晨的阳光催人振奋，傍晚的夕阳使人有种回归感，油灯使人怀旧，烛光则代表浪漫、爱情，电闪雷鸣则会让人愤怒悲伤。

2. 叙事表达

　　光线辅助叙事表现为光线的变化，如"朝阳—烈日—夕阳"代表一天的变化，"温和柔软的光—烈日如火的光—金灿灿的光—冷清微弱的光"则代表一年的变化。

3. 烘托氛围

　　明亮的光线使人心旷神怡，微弱的光线则十分神秘，光的强弱、范围、颜色都会烘托不同的气氛。

3.3.2　布光的要素

1. 光度

光度即光的照度,指光线照射物体表面所呈现的亮度。

2. 光位

光位即光线的位置,有顺光、逆光、侧光、侧顺光、侧逆光、顶光、底光之分。每一种光位都有特定的属性,表达特定的情感。如表现恐怖、凶恶的形象可选用底光,表现浪漫、温馨或者悲伤等情绪时可以选用逆光或侧逆光拍摄,而纪录片或者有新闻性质的视频则适合选用顺光来还原真实的人和物,等等。

3. 光质

光质即光的质感,有硬光和软光之分,通常硬光多用来照亮环境,而软光用来刻画人物细节。

4. 光型

光型即光的类型,有主光、辅光、背景光、眼神光等等。通常主光起奠定基调的作用,辅光根据主灯缺陷在对面进行辅助照明,背景光可以使主题更突出,眼神光则常以环形灯来营造一个漂亮的高光。

5. 光比

光比即光的比例,表现为物体亮暗面的对比。亮暗对比强,即主辅光的亮度差别大,称之为大光比;亮部和暗部的亮度对比小,即主辅光的亮度差别很小,称之为小光比。小光比适合表现温婉、浪漫、细腻的场景,大光比则适合表现硬朗、层次感强的事物或明快的环境。

6. 光色

光色即光的颜色,不同的光色有不同的属性表达,如红色光多表现血腥、恐怖,蓝色光表现神秘、梦幻等,当然也可以同时使用两个颜色的光,以此营造一种朋克的视觉感。

3.3.3　短视频布光的注意事项

1. 单灯布光的注意事项

对于手工制作类、美妆护肤类、测评推荐类等微型场景或小型场景而言,一盏环形灯就能满足场景光照需求。此时,建议根据场景面积选择环形灯的直径大小和光度,由于光源只有一个,因此灯位、亮度调节都格外重要,对于美妆护肤或测评类的场景,环形灯应放置在达人的正前方,灯的高度与人脸平行或略高一点,灯与人的距离保持1米左右,灯的亮度以全面照亮人物面部且不刺眼为宜。

知识小贴士:

灯位过高容易在达人的鼻底、下巴形成阴影,灯位过低容易造成凶残、恐怖的视觉效果,一般建议灯光与人的面部高度基本持平。

2. 多灯布光的注意事项

当光源等于或大于两个以上时,布光就有主、辅之分。此时要优先确定主光位置,在主光的对立面设置辅光,根据需要在达人侧后方增设轮廓光,适时增加背景光和修饰光(图3-31),对于追求完美者还可以增加顶光和底光。每种灯的距离、亮度都要按需调节,确保场景内的光照均匀、明亮。

主光是短视频场景里的主要光源,起着定基调的作用,通常主光是照度最大的顺光或侧顺光光源。

辅光是为了减少主光产生的暗部阴影和投影而设置的光源,通光量较主光偏弱,通常被安放在主光的对立面。辅光亮度与主光越接近,光比越小,画面越明亮,反之亦然。

轮廓光是为了勾勒任务或物体的形体而设置的光源,通常为逆光光位,为了避免相机镜头进光破坏画面美感,建议适时调整相机或灯的照射角度。

背景光也称环境光,是为了照亮背景环境或者衬托场景气氛而设置的光源。

图3-31　多灯布光法

知识小贴士:

光有很多影响因素,包括光度、光位、光质、光型、光比、光色,每一种因素的变化均能改变光的情感属性。其中不同的光色能给人不同的感受,如暖光给人以温馨感,冷光给人以干练感,对于赛博朋克、科幻科技类的特殊场景,可以按需增加冷、暖色片。一般情况下,当主光为暖光时,辅光或者背景光为冷色,反之亦然。

3. 动态布光的注意事项

光,是一种无声的影像语言,静态光会给人以安静、和谐的感觉,剧情本身是看点;动态光具有流动、律动的感觉。对于没有剧情的短视频可以利用动态光制造神秘、酷炫和捉摸不定的视觉感。

动态光的主光多为束光或者聚光,视频拍摄中经常利用束光筒或四叶挡板进行控光,也可以通过手持灯棒进行气氛渲染,灯光与背景的亮暗反差越大效果越明显,通过有节奏地移动光束和忽明忽暗的亮度变化丰富被摄主体,如图3-32所示。

图 3-32　动态布光案例——《光剑变妆》
广东科贸职业学院学生作业

学生作业——
光剑变妆

3.4　常用的运镜方式

随着短视频的发展,观众越来越追求视觉形式的新意,作为一个视频创作者,要想拍出精彩、丰富的视频内容,运镜是最为基础、也最为实用的拍摄技巧。通俗地讲,运镜就是相机镜头在四维空间中的运动方式,主要表现在拍摄过程的镜头运动和后期剪辑时的镜头变换。其中,后期剪辑常用的镜头变换主要由镜头衔接、切换、淡入淡出、叠化等转场动画组成。拍摄时常用的运镜方式大致包括固、推、拉、摇、移、跟、甩、升降、环绕、旋转等,是本节内容介绍的重点。

3.4.1　固定镜头

在相机位置、角度、焦距和物距等参数都固定不变的情况下,同一视点下拍摄连续性画面的运镜方式称为固定镜头(图 3-33),被摄对象可静可动,较多用于人物对话、采访、主持或者产品介绍等场景,是最常用的运镜方式之一。

图 3-33　固定镜头

固定镜头

3.4.2　推镜头

　　镜头与画面逐渐靠近,画面外框逐渐缩小,画面内的景物逐渐放大,使观众的视线从整体看到某一布局,这种推镜头可以引导观众更深刻地感受角色的内心活动,加强气氛的烘托,如图 3-34 所示。

图 3-34　推镜头

推镜头

　　推镜头根据推的快慢程度分为快推、慢推和猛推,不同快慢程度的推镜头所表现的画面张力和情绪渲染各不相同。

3.4.3　拉镜头

　　拉镜头是相机镜头通过焦距调节或者物距变化,对人物或景物向后拉远,取景范围和表现空间从小到大不断扩展的运镜方式(图 3-35)。在同一镜头中,拉镜头可实现视域从小到大的连续变化过程,能够很好地保持画面表现空间的完整性和连贯性,有利于交代被摄主体与所处环境的关系。根据镜头运动的快慢强度,拉镜头分为快拉、慢拉和猛拉。

图 3-35　拉镜头

拉镜头

3.4.4　摇镜头

　　摇镜头是指相机机位不动,镜头摇动的一种拍摄方法(图3-36)。该运镜方式能够扩大视野,表现更多视觉信息,用于拍摄一个被摄主体向另一个被摄主体的转换过程,建立场景中不同被摄主体的内在联系,表现特定的情绪。

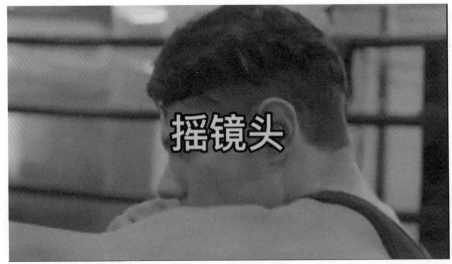

图3-36　摇镜头　　　　　　　　　　　　　　摇镜头

3.4.5　移镜头

　　相机通过安装在滑轨上,或者手持平移的方式,在水平方向按一定运动轨迹进行的运动拍摄称为移镜头(图3-37)。移镜头下拍摄不断变化的画面内容使被摄主体更具运动感和视觉表现力。

图3-37　移镜头　　　　　　　　　　　　　　移镜头

3.4.6　跟镜头

　　跟镜头是相机跟踪运动着的被摄对象进行拍摄的摄影方法（图3-38）。在跟镜头中，通常主体在画面中的位置相对稳定，而且景别也保持不变，连续而详尽地表现角色在行动中的动作和表情，既能突出运动中的主体，又能交代主体的运动方向、速度、体态及其与环境的关系，有利于展示人物的动态精神面貌。

图 3-38　跟镜头

跟镜头

3.4.7　甩镜头

　　甩镜头，指一个镜头画面结束后不停机，镜头急速转向另一个拍摄内容（图3-39）。镜头在快速摇转过程中所记录的内容全部为模糊、不可读的物象，重在表现两个镜头的衔接关系。

图 3-39　甩镜头

甩镜头

3.4.8　升降镜头

　　升降镜头是相机镜头做上下方向运动的一种拍摄方式,从高低不同的视点共同呈现被摄内容,通常用于表现伟岸的人物或者高耸的建筑等高大形象,以特别的视角引人入胜,营造戏剧性的情调,如图3-40所示。

图3-40　升镜头　　　　　　　　　　　　　　　　升镜头

3.4.9　环绕镜头

　　环绕镜头就是指相机围绕一个被摄对象,为了全面展示其所处的环境、空间,而进行360度全方位环绕的拍摄方法(图3-41)。环绕镜头通常用于无人机航拍或者低机位的仰视拍摄,立体表现被摄对象的各个方面,有助于受众理解剧情变化。

图3-41　俯拍环绕镜头　　　　　　　　　　　　　环绕镜头

3.4.10　旋转镜头

旋转镜头是指使被摄对象呈现旋转效果的镜头（图3-42），通常机位不变，镜头旋转，用于表现特定的情绪和气氛。在短视频制作中，旋转镜头不宜多用，否则容易造成受众头晕眼花等不适感。

图3-42　旋转镜头

旋转镜头

3.5　景别设计与组接

3.5.1　景别的设计及应用

由于摄像机与被摄主体之间的物距不同，或因相机焦距的变化而造成被摄主体在画面中所呈现的大小区别，称为景别。景别能很好地抒发情感、渲染气氛，能很好地表达出故事的创作思路，是短视频重要的镜头语言。

1. 远景

远景，亦称大全景，在广角镜头的视域下表现场景的全貌，画面比较开阔，主要用于交代故事发生的地理环境、自然风貌和开阔的场面，如图3-43所示。

2. 全景

全景能突出画面主体的全部面貌，有一个比较明确的视觉中心，如图3-44所示。拍摄时要注意主体所处的位置，通常位于黄金分割点上较为合适。

3. 中景

中景能为演员提供较大的活动空间，能使观众看清人物表情，有利于展示人物的形体动作或其他被摄对象的结构、造型,如图 3-45 所示。

图 3-43　远景

图 3-44　全景

图 3-45　中景

4. 近景

近景常用于细致地表现人物的面部神态、情绪,因此,近景是将人物或被摄主体推向观众眼前的一种景别。在产品、知识技能等类别的视频拍摄中,近景是最为常用的取景方式,如图 3-46 所示。

5. 特写

特写是针对被摄对象局部的镜头,一般用于表现单一物体或者物体的某一局部,造成清晰的视觉形象,得到强调的效果,如人物的眼神、某一动作、产品的特点展示、淘宝的细节图等(图 3-47)。

图 3-46　近景

图 3-47　特写

3.5.2 景别组接

短视频是通过分镜头来叙事的，不同景别的镜头的组接方法对视觉形象的表现和叙事结果的表达都有重要的意义。

1. 渐进式组接

渐进式组接（图3-48）用于表现递进式的景别变化，以人们观察事物的视觉习惯作为依据，以推或拉的运镜方式产生接近式或远离式的景别变化，不管是由远及近（远景 – 全景 – 中景 – 近景 – 特写）的景别切换，还是由近到远（特写 – 近景 – 中景 – 全景 – 远景）的景别变化，都能给人以较强的视觉逻辑。

图 3-48　景别组接

2. 跳跃式组接

跳跃式景别组接的变化方式打破了常规景别顺序所遵循的时空和动作连续性要求，为了突出主要内容，省略时空过程，跨越式地将大远景与近景、特写与全景等不同的景别组接在一起，有利于凸显视觉的节奏感。

3.6　短视频构图基本形式

在短视频拍摄和剪辑过程中，创作者根据被摄题材和主题思想的要求，将要表现的视觉元素按照一定的美的规律进行布局，构成一幅协调的画面，称之为短视频构图。好的构图形式可以提升短视频作品的艺术感染力,形成风格,产生强烈的视觉印象。

3.6.1　均衡式构图

均衡式构图,通过对被摄对象的位置、形状、色彩、数量、大小等元素进行非对称安排,实现画面元素的呼应与对比,给人以视觉上的稳定和舒适感。通常利用网格线将镜头平均分成九块,形成一个"井"字,将主体安排在"井"字交叉的四个点的任意一点上都能产生不错的画面效果,起到强化主体的作用(图3-49)。

图 3-49　均衡式构图

3.6.2　对称式构图

对称式构图(图3-50)在视频中十分常见,分为绝对对称和相对对称。

绝对对称即中轴线式的完全对称,其景物大小、形状和排列方式具有一一对应的关系,是一种镜面式对称。在视频拍摄中,绝对对称式构图具有稳定、庄重、严肃之感,常用于古典建筑、水面倒影、城市道路等场景的拍摄。

相对对称是在基本对称的前提下有少许变化,其对称相似度在 80% 左右。相对对称式构图具有绝对对称式构图的优点,同时又不失活泼,是目前短视频拍摄中用得较广泛的构图形式之一。

图 3-50　对称式构图

3.6.3 三分法构图

在短视频取景时，横向或纵向平均将画面分成三等份，将主体安排在三分之一位置的构图方式称为三分法构图（图3-51）。由于画面比例比较符合人们的审美习惯，因此此种构图方法是在视觉艺术中经常被采用的构图方法，通常用于拍摄平移镜头下行走的人、角色的面部朝向、建筑风景等。

图 3-51　三分法构图

3.6.4 中心式构图

中心式构图是将拍摄主体置于画面中央而进行的构图方式（图3-52）。这种构图方式能较好地突出主体，易于把握，较多用于直播短视频或者被摄物体比较单一的场景。

图 3-52　中心式构图

3.6.5　三角形构图

三角形构图(图 3-53),是将主体有意安排在三点成一面的几何构图中,使之成为三角形态势的画面构图方法,分为正三角构图、斜三角构图和倒三角构图。其中正三角形构图有安定、均衡特点;斜三角构图较为灵活,强调不稳定感;倒三角构图则易产生画面紧迫感、紧张感。

图 3-53　三角形构图

3.6.6　斜线构图法

斜线构图也称为对角线构图,把被摄主体安放在对角线上,打破横线或竖线构图时的稳定感,使画面有一定的动感,略显活泼,容易吸引人的视线,通常用来表示上升或者下降之意,如图 3-54 所示。

图 3-54　斜线构图

3.6.7　曲线构图

曲线构图，即根据景物本身的曲线造型特征或有意将画面安排成"S""W""C""V"等非直线动向的构图方法，具有延伸、变化、动感等特点，通常用来表现较大或蜿蜒盘旋的场景空间，如图 3-55 所示。

图 3-55　曲线构图

3.6.8　交叉式构图

交叉式构图，是指景物呈交叉式布局形式（图 3-56），分为斜线交叉构图和垂直交叉构图，即 X 形构图和"十"字构图。X 形构图视觉引导性较强，主体通常被安排在交叉点处，以更好地突出重点；"十"字构图则多用于有稳定排列组合的物体。

图 3-56　交叉式构图

3.6.9　横/竖构图

横、竖构图是将画面主体做横向或纵向延伸的一种构图方法。主体横向排列的为横构图（图 3-57），该构图法比较容易把握，在生活中运用也比较多，多以镜头平移表现运动、宽阔的场景；主体纵向延伸的为竖构图，能够展现宏伟、高大的画面气势，比如参天大树、摩天大楼等气势磅礴之物常运用竖构图形式。

图 3-57　横构图

📖 | 课后习题 |

一、选择题

1. 常用专业录像设备包括（　　　）。

A. 智能手机　　　　　　　　　　　B. 数码相机

C. 无人机　　　　　　　　　　　　D. 摄像机

2. 外出旅行常用的稳定设备是（　　　）。

A. 三脚架　　　　　　　　　　　　B. 独臂脚架

C. 手持稳定器　　　　　　　　　　D. 滑轨滑道

3. 适合小范围录音的设备是（　　　）。

A. 无线麦克风　　　　　　　　　　B. 指向性话筒

C. 耳机话筒　　　　　　　　　　　D. 电容话筒

4. 拍摄场景根据大小不同有（　　　）。

A. 微型场景　　　　　　　　　　　B. 小型场景

C. 中型场景　　　　　　　　　　　D. 大型场景

5. 根据拍摄范围不同，常用的景别有（　　　）。

A. 大远景　　　　　　　　　　　　B. 远景

C. 全景   D. 中景

E. 近景   F. 特写

G. 大特写

二、填空题

1._____是短视频场景里的主要光源，起着定基调的作用；为了减少主光产生的暗部阴影和投影而设置的光源叫_____。

2. 在运镜过程中，_____是从前向后拉远，取景范围和表现空间从小到大不断扩展的运镜方式；_____是画面外框逐渐缩小，画面内的景物逐渐放大的运镜方式。

3. 景别是指焦距一定时，由于摄影机与被摄主体的距离不同，而造成被摄主体在摄影机录像器中所呈现的大小区别。一般情况，_____主要用于交代故事发生的地理环境；_____用于展示被摄对象的细节、特点。

4. 在镜头组接方式中，_____用于表现递进式的景别变化，表现由远及近或由近到远的景别变化；_____打破了常规景别顺序所遵循的时空和动作连续性要求。

5. 在对称式构图方式中，_____是展现中国古典建筑常用的构图形式，具有稳定、庄重、严肃之感；_____是表现运动常用的构图形式，非常活泼，有动感。

|任务实训|

1. 根据第二章策划内容，按照脚本完成每个镜头的素材拍摄。

2. 根据《"陶"进光德》传统文化类短视频的脚本内容（表3-1），完成短视频拍摄的场景搭建和灯光布置，按照脚本镜头的景别、运镜需求，借用一定的构图形式完成短视频的拍摄。

表3-1 《"陶"进光德》脚本

序号	运镜	景别	时长	取景	字幕	音乐	配音
1	固定	全景	1s	天空做背景用花字展示拍摄片名	"陶"进光德	《萤火虫》纯音乐缓入	
2	环绕	远景	3s	俯拍村落全景	光德镇是大埔县南边的一个小镇	音乐弱	光德镇是大埔县南边的一个小镇
3	固定	全景	2s	展示土楼外貌	客家土楼是客家人繁衍生息的大型群体楼房住宅	音乐渐弱	客家土楼是客家人繁衍生息的大型群体楼房住宅
4	推	特写	2s	土楼内景，展示陶瓷制作	陶瓷文化比土楼历史更为悠久	同上	而这里的陶瓷文化比土楼历史更为悠久
5	固定	近景	2s	土楼内餐桌上	一盘一碗皆是由当地制瓷手艺人制作而成的	同上	一盘一碗皆是由当地制瓷手艺人制作而成的，从泥巴到碗可不简单
6	固定	特写	3s	展示土楼内陶瓷制作的揉泥片段	揉泥——用羊角揉的方法让泥巴充分揉均匀	同上	我们看一下制作过程，首先进行揉泥，用羊角揉的方法让泥巴充分揉均匀

序号	运镜	景别	时长	取景	字幕	音乐	配音
7	固定	远景	2s	雏形制作片段	雏形制作——根据需求将坯体制作成大致模样	同上	接着根据需求将坯体制作成大致模样
8	固定	远景	1s	烘烤成形片段	然后烘烤成形	同上	雏形制作完成后进行烘烤定形
9	固定	全景	1s	捺水流程	用清水洗去坯体上的尘土，这一步叫捺水	同上	烘烤成形后用清水洗去坯体上的尘土，这一步叫捺水
10	固定	全景	1s	晒干场景		同上	待它晒干，水分蒸发完
11	固定	中景	1s	描绘图案工艺		同上	开始描绘精美的图案
12	固定	中景	1s	上色工艺		同上	不同图案画上不同的颜色，各色各样的瓷品就出来啦
13	固定	全景	1s	打隔离边工艺		同上	然后，对瓷品打隔离边
14	固定	远景	1s	拉线工艺		音乐渐强	对瓷品拉线
15	固定	特写	3s	员工认真工作脸部神情		同上	
16	移镜	全景	1s	展示正在制作的半成品		音乐渐弱	这一个个半成品就等着最后一层保护
17	固定	远景	1s	釉碗工艺		同上	上了这一层保护膜等待着的是高温烧炼坯体
18	固定		1s	烧窑		同上	
19	固定		1s	出窑展示		同上	经过一段时间的烧制便是成品啦
20	固定		2s	打磨		同上	磨去棱角让陶瓷更加光滑
21	移镜	全景	2s	成品、打包场景		同上	接着打包出厂，送至千家万户手中
22	固定	全景	2s	家庭吃饭欢乐的场景		同上	

Duanshipin Chuangzuo yu Yunying（Cehua、Paishe、Jianji、Tuiguang）

第四章

短视频剪辑

本章特色

知识学习：本章主要讲述了 Adobe Premiere Pro 软件的基本操作，包括工程文件的建立、素材的编辑、色彩的调节、声音的处理等技术知识点，同时还针对性地讲述了镜头组接的原则，为初学者学习专业的短视频后期剪辑技术提供指导。

技能提升：通过本章的学习，初学者能运用 Adobe Premiere Pro 软件建立项目文件并导入素材等，掌握素材剪切与编辑基本操作，学会 PR 调色、调音方法，能灵活运用特效美化视频效果，最后按格式要求输出短视频。

素质养成：本章内容重在培养学习者的劳动精神和工匠精神，在学习调色、调音等知识的同时提升学习者的审美感知力。

如果你剪辑过视频，那么 Premiere 这款软件你一定不会陌生。在视频编辑软件领域，这款软件拥有数量庞大的用户群体。从 1991 年发布 Premiere 1.0 版本以来，这款软件已有 30 多年的历史，其间不断进行版本升级和功能迭代，从运行内存只需要 4 MB 的小软件，目前已发展成为占用数 GB 内存、拥有强大视频编辑能力的软件。与同类视频剪辑软件相比，Premiere 拥有更多的插件及协同软件，对于新手来说，它具有使用简单、稳定、上手快的优点，深受短视频后期工作者的青睐。本章将以 Adobe Premiere Pro 2021 为例，介绍短视频制作的基本操作。

4.1　短视频剪辑软件的基本操作

4.1.1　Premiere 工作界面

首先，双击打开 Adobe Premiere Pro 2021，依次显示如图 4-1 所示和图 4-2 所示界面。

图 4-1　Premiere 加载界面

图 4-2　Premiere 启动界面

4.1.2　新建项目

使用 Premiere 编辑短视频要先创建一个项目文件。选择"文件"|"新建"|"项目"（快捷键 Ctrl+Alt+N）之后会弹出一个对话框，用来设置所剪辑视频的相关参数信息，如图 4-3 所示。在"名称"后面的文本框中输入项目名称；单击右侧的"浏览"按钮，设置项目保存位置。设置好之后单击"确定"按钮，便新建了一个项目，设置的项目名称和位置将显示在标题栏中。

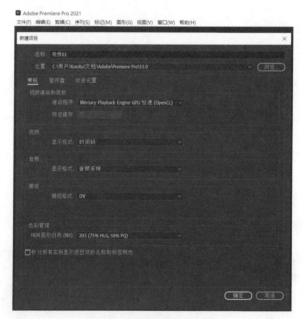

图 4-3　新建项目对话框

4.1.3　用户操作界面

新建项目之后再次新建序列即可激活 PR 编辑界面，如图 4-4 所示。

Premiere 默认用户操作界面提供了多种面板，包括"组件""编辑""颜色""效果""音频""图形"等，每种工作区根据不同的剪辑需求对工作面板进行了不同的设置和排列。使用者还可以根据自己的使用习惯对工作面板进行调整。

1. 项目面板

项目面板（图4-5）的主要作用是对原始素材进行导入及管理。导入的素材类型可以是视频、音频、图片，还可以直接导入项目，导入项目操作将会导入该项目中所包含的所有素材。使用者可以新建系列，也可以将素材拖到建立好的系列中进行编辑。

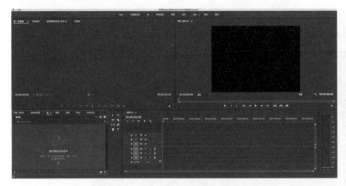

图4-4　用户操作界面　　　　　　　　　　图4-5　项目面板

2. 时间轴面板

时间轴面板是 Premiere 的核心面板，在视频剪辑过程中，大部分工作都是在该面板中完成的，实现对素材的剪辑、插入、复制、粘贴、效果添加等操作，如图4-6所示。

图4-6　时间轴面板

3. 监视器面板

监视器面板包含"源"和"节目"面板，主要用来显示指定素材并进行初剪，如图4-7所示。

图4-7　源面板和节目面板

4.1.4　自动保存设置

通过"编辑"|首选项|"自动保存",弹出"首选项"对话框(图4-8)。默认的设置中,"自动保存时间间隔"是15分钟,"最大项目版本"是20,即表示每隔15分钟将自动保存一次,并且存储最后20次存盘的项目文件。使用者可根据需要设置相应数值。

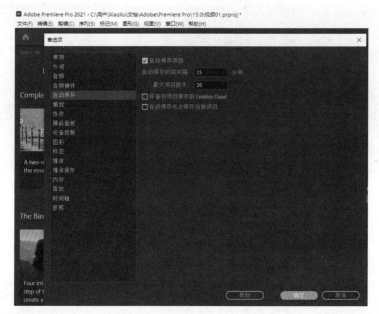

图 4-8　自动保存设置

4.2　素材导入及管理

4.2.1　常用的素材导入方式

Premiere 常用的素材导入方式有四种,下面将分别进行介绍。

1. 双击"导入媒体以开始"导入素材

新建项目之后在项目面板下双击"导入媒体以开始"字样选择本地素材所在位置进行添加,如图4-9所示。在已经有素材导入的情况下,如果要追加素材,可以在项目面板空白处双击,在弹出的对话框里选择要用到的素材进行导入。

2. 通过"媒体浏览器"导入素材

单击"媒体浏览器"面板,选择素材所在的文件夹,如图4-10所示。选中素材双击,可在

"源"面板中预览素材,如图 4-11 所示。选中要使用的素材之后,右击,在弹出的下拉列表中执行"导入"命令,可将素材导入软件,如图 4-12 所示。

图 4-9　双击导入素材　　　图 4-10　"媒体浏览器"面板　　　图 4-11　"源"面板预览素材

3. 通过"导入"菜单项进行导入

如图 4-13 所示,执行"文件"|"导入"命令(快捷键 Ctrl+L),选中要导入的素材,单击"打开"按钮即可导入素材,如图 4-14 所示,也支持直接导入文件夹。

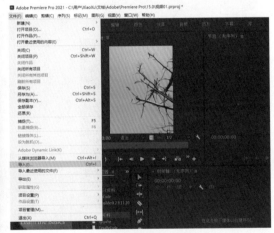

图 4-12　导入素材菜单项　　　　　　　图 4-13　"导入"界面

图 4-14　"导入"对话框

4. 使用推拽方式导入素材

找到素材在本地存储的位置，拖动素材到项目面板，即可导入素材，如图4-15所示。

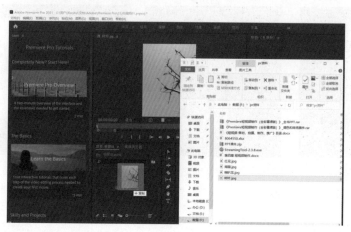

图4-15　拖拽方式导入素材

项目中导入素材的展示方式有"图标视图"（图4-16）和"列表视图"（图4-17），可以单击下方的视图模式切换素材排列布局。

图4-16　图标视图

图4-17　列表视图

4.2.2　素材的整理

当你的媒体文件特别多，在导入PR之前也没有进行有效的整理，把素材导入项目栏之后，就需要对素材进行整理。

1. 使用标签颜色来管理和组织素材

将素材导入项目面板之后，会发现不同格式的素材前面的颜色和图标不一样。███ ▣ 代表素材为静止的图像；███ ▣ 代表素材是视频但没有音频；███ ▣ 代表素材是影片，既有音频又有视频；███ ▣ 代表素材为音频。有时候需要进一步对媒体文件进行标注，比如需要对某一个类型转换标签颜色，则可以先选中一个或者多个素材，单击右键，在弹出的对话框里选择"标签"，即可更改相应素材类型的标签颜色，如图4-18所示。

2. 自定义标签名对素材进行分类

如果觉得颜色标签难以分辨，使用者可以根据需要自定义标签名称，如用拍摄机位、拍摄

地、拍摄时间等来对标签进行命名。选择"编辑"|"首选项"|"标签",在弹出的对话框中设置标签名称,单击"确定"即可,如图 4-19 所示。

图 4-18　标签对话框

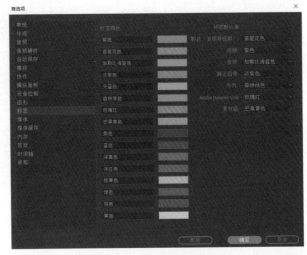

图 4-19　标签名称设置

设置好素材的标签后,也是通过选中素材、右键、选择"标签"选项等步骤来更改素材标签颜色。对素材进行标签分类之后,将素材拖到序列里,素材在序列里显示的颜色和在项目里设置的标签颜色是一致的。

3. 使用素材箱管理素材

剪辑时若遇到大量素材都会很头疼,可以巧用 PR 里的素材箱来达到管理素材的目的,从而提高剪辑效率,一起来看一下吧。

如图 4-20 所示,选择"文件"|"新建"|"素材箱"(或者快捷键 Ctrl+B),单击项目面板右下角的文件夹图标也可建立素材箱,对素材进行分类命名,例如分别创建视频、音频、图片等素材箱。素材箱建好之后回到素材列表,同时按住 Ctrl+Shift 键将素材放进对应素材箱即可完成分类。

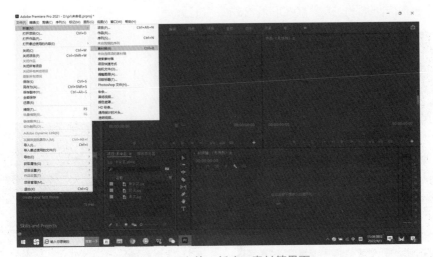

图 4-20　文件—新建—素材箱界面

介绍一个小技巧,在素材按名字排列的情况下素材分布得比较散,一个个点击比较麻烦,这

时候可以先选中一个素材,右击,选择"标签"|"选择标签组"即可将同类素材全选,如图 4-21 所示。

图 4-21　选择标签组

4. 创建序列

在使用 PR 进行编辑的时候,我们首先要创建一个序列,然后把要用到的素材拖至序列,才能开始编辑。我们要明白序列是起什么作用的,序列能将所有不同格式的素材匹配转化成一个统一的格式,在编辑时按照这个格式预览和播放视频。设置序列格式有两个要点,一是尽量和原视频相近,这样可以降低电脑的负荷。如果格式差别太大,软件运行时需要占用很大内存,转换可能出现卡顿。二是尽量和输出的视频一致,这样编辑时的预览和最终的输出就不会差别太大。针对这两点,新建序列需要符合这两个要求。

PR 创建序列的方式如下:

(1)选择"文件"|"新建"|"序列"创建一个序列,在弹框中的"设置"模块对序列的相关参数例如时基、像素长宽比等进行设置,如图 4-22 所示。

(2)如图 4-23 所示,选择项目面板的"新建项目"图标,弹出"新建序列"对话框,根据需要选择所需的预设选项,一般先选择机型 / 格式,再选择分辨率、帧速率。例如,可以选择 AVC-intra 或者在 AVCHD 里面找到 1080P 和 30 帧的选项。设置好之后单击"确定"按钮即可。

图 4-22　新建序列弹框界面

图 4-23　项目面板中的"新建项目"图标

4.3　镜头组接原则

　　镜头是影片最基本的组成单元,而编辑的关键在于处理镜头与镜头之间的关系,好的编辑能够使镜头的连接变得顺畅、自然,既能明白简洁地叙事,又具有丰富的表现力和感染力。镜头组接,就是将单独的镜头画面按照一定的逻辑和构思,有意识、有创意、有规律地连接在一起,形成一段完整的影像画面。掌握镜头组接的规律和方法,能将一部影片的许多镜头合乎逻辑地、有节奏地组接在一起,从而让观众感同身受,引人入胜。对于初学者来说,要想真正编辑出流畅的影片,不仅要多观摩学习,更重要的是在具体的实训中不断积累经验,提升技能。本节会介绍几种具体的镜头组接原则,帮助初学者理解镜头的组成与编辑方式。

1. 组接内容符合生活的逻辑性

　　现实生活中的事物生成与发展都有其自身的方式和规律。观众的心理联想活动也是建立在生活认知的基础上,所以镜头组接也必然要遵循事物之间的现实关联。例如,影视作品为了表现动作的连贯性,上一个镜头可能是动作的原因,下一个镜头则是动作的结果,通过这两个镜头的比较从而让观众知道这个动作的发生和动作引发的结果,如图 4-24 所示。

图 4-24　组接内容符合生活的逻辑性

2. 动静画面衔接的连贯性

　　画面物理构成的动作包括主体的动作、摄像机的运动以及镜头转换产生的视觉运动,为了保证影片的各个部分顺畅贯通,就必须考虑运动的连贯性。为了创造连贯的动作,在编辑中应遵循如下基本原则。

　　(1)动接动,指视觉上有明显动感的镜头相互切换。

　　(2)静接静,指视觉上没有明显动感的镜头相互切换。

　　(3)静接动,由静止的画面切换成动感的画面。节奏的变换推动情节急剧发展,比如上个镜头是某种情绪或者提示性因素,为下个镜头的内容做铺垫。

　　(4)动接静,有动感的镜头切换至无明显动感的镜头。在急剧的动到静的转换中,让观众感受到比单纯的动感画面更有张力的情感韵律。

3. 组接要遵循镜头调度的轴线

在画面当中，轴线有运动轴线、关系轴线、方向轴线等，如图 4-25 所示。运动轴线主要指运动主体的轨迹，上下镜头在关联时要保证主体运动的轨迹相一致。关系轴线是指多个主体在画面当中的相对位置。在影视作品当中，多个主体之间的关系是多样的，有时候是平行的，有时候是上下级的，所以在镜头组接时要体现出主体之间的关系，要保证关系轴线调度的合理性。方向轴线主要指趋势线，上下镜头在相连的时候要符合主体运动的趋势变化。

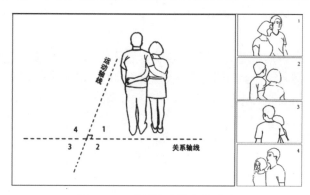

图 4-25 遵循镜头调度的轴线

4. 组接要考虑景别过渡的和谐性

拍摄同一主体，如果拍摄的机位相同，那么上下镜头的景别最好要有明显的变化，否则画面容易出现比较明显的跳动，如图 4-26 所示。当景别相差不大时又要表现同一个主体，这个时候要改变摄像机的机位。同机位同景别的画面一般不能直接相连。

图 4-26 组接要考虑景别过渡的和谐型

5. 组接色调和影调过渡的统一性

色调指的是画面的色彩组织和配置以某一种颜色为主导时呈现出来的色彩倾向，合理运用色调可以表现情绪，创造意境。

影调是指画面上通过变换颜色的深浅和色彩而形成的明暗反差，它是画面造型和构图的主要手段，也是营造氛围、形成风格的手段之一。

色调和影调的统一性表现在两个方面：

一是基调和内容、情绪的统一。例如欢快的气氛适合用明亮温暖的基调。

二是相邻镜头画面调子相统一。影调相近的上下镜头宜直接连接；影调相反的镜头上下连接需要有过渡。

4.4 画面色彩校正与调整

色彩调整是 Premiere 非常重要的功能,能够在很大程度上决定作品的好坏。通常情况下,不同的颜色往往带有不同的情感倾向,在影片作品中也是一样,只有当色彩与作品主题相匹配的时候才能正确地传达作品的主旨内涵,因此正确地使用色彩调整效果对视频剪辑人员而言非常重要。

4.4.1 图像控制类视频调色效果

在 Premiere 中,通过调节图像控制效果,可以平衡画面中强弱、浓淡、轻重的色彩关系,使画面看起来更舒服。选择"效果"|"视频效果"|"图像控制",可以选择灰度系数校正、颜色平衡(RGB)、颜色替换、颜色过滤、黑白 5 种效果的其中一种,如图 4-27 所示。

图像控制类
视频调色效果

图 4-27 5 种图像控制类视频调色效果

颜色平衡(RGB)、颜色替换是常用的两款效果。

(1)"颜色平衡(RGB)"可以根据参数的调整来调节画面中三原色的数量值,如图4-28所示。

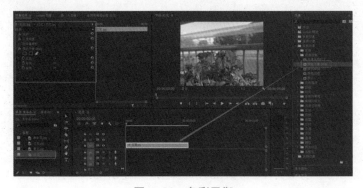

图 4-28 色彩平衡

　　将效果拖放到素材上面，在"效果控件"面板里就会出现相应的参数可供调节，如图 4-29 所示。图 4-30 对比了同一个素材进行 RGB 调整的效果。

图 4-29　三原色调节

图 4-30　同一个素材进行 RGB 调整的前后对比

　　②"颜色替换"可以将所选择的目标颜色替换为所选择的替换颜色，如图 4-31 所示。图 4-32 对比了同一个素材进行颜色替换的效果。

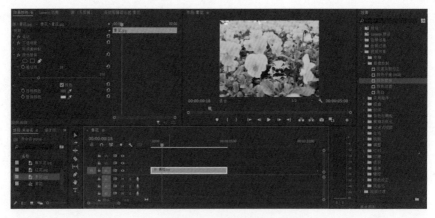

图 4-31　颜色替换

图 4-32　同一个素材进行颜色替换的前后对比

4.4.2　过时类视频效果

过时类视频效果包含 RGB 曲线、RGB 颜色校正器、三向颜色校正器等 12 种效果。选择"效果"|"视频效果"|"过时",即可打开子菜单,如图 4-33 所示。

图 4-33　12 种过时类视频效果

过时类视频效果

接下来举例讲解几款常用的效果。

(1)"RGB 颜色校正器"能校正偏色的画面,是比较强大的调色效果,如图 4-34 所示。图 4-35 是同一个素材应用"RGB 颜色校正器"调整的前后对比。

图 4-34　颜色校正

图 4-35　同一个素材应用"RGB 颜色校正器"调整的前后对比

（2）"自动色阶"效果可以自动对素材进行色阶调整。图 4-36 是同一个素材应用"自动色阶"后的前后对比。

图 4-36　同一个素材应用"自动色阶"效果的前后对比

（3）"阴影 / 高光"效果可以调整画面中的阴影区域和高光区域。图 4-37 是同一个应用"阴影 / 高光"后的前后对比。

图 4-37　同一个素材应用"阴影 / 高光"后的前后对比

4.4.3　颜色校正类视频效果

颜色校正类视频效果可对素材的颜色进行细致校正。选择"效果"|"视频效果"|"颜色校正"即可打开子菜单,包括 ASC CDL、Lumetri 颜色、保留颜色等 12 种效果,如图 4-38 所示。

颜色校正类
视频效果

图 4-38　12 种颜色校正类视频效果

接下来举例讲解几款常用的效果。

1.Brightness & Contrast

"Brightness & Contrast" 效果可以调整亮度和对比度参数。单击界面右侧下拉列表中的"Brightness & Contrast" 即可调节亮度与对比度,如图 4-39 所示。图 4-40 所示为同一素材应用 "亮度与对比度" 后的前后对比效果。

图 4-39　"Brightness & Contrast" 选项

图 4-40　同一个素材应用 "亮度 / 对比度" 后的前后对比效果

2. 更改为颜色

"更改为颜色"效果（图4-41）可将画面中的一种颜色变为另外一种颜色。图4-42所示为同一素材应用"更改为颜色"效果的前后对比。

图4-41　"更改为颜色"选项

图4-42　同一个素材应用"更改为颜色"效果的前后对比

3. 颜色平衡(HLS)

"颜色平衡(HLS)"效果是指通过色相、亮度和饱和度等参数调节画面色调，如图4-43所示。图4-44所示为同一素材应用"颜色平衡(HLS)"效果的前后对比。

图4-43　"颜色平衡（HLS）"选项

图 4-44　同一个素材应用"颜色平衡（HLS）"效果的前后对比效果

4.Lumetri 颜色

"Lumetri 颜色"是 Adobe Premiere Pro CC 2015 及之后版本才有的一种新的色彩界面，极大地扩展了 Premiere 的分级可能性。单击界面中的"颜色"标签进入如图 4-45 所示的界面。

图 4-45　"颜色"面板

　　界面左边是 Lumetri 示波器，是对整个视频饱和度的分析，包括不同的 R（红）B（蓝）CY（浅蓝）参数。旁边是分量 RGB 线，显示了红绿蓝的分量数值。当值超过 100 或者低于 0 的时候，代表图片的颜色过曝或者欠曝，就会失去细节。左上角是一幅波形显示图，就是把旁边三个 RGB 的不同颜色综合在一起变成一幅波形图。右上角是 Lumetri 的六个不同的工具选项，包括"基本校正""创意""曲线""色轮和匹配""HSL 辅助""晕影"（图 4-46），可以按照这个顺序去调色，并不是每次调色都需要用到所有的工具。

　　（1）"基本校正"是一级调色工具，可以根据需要调整白平衡、色调、色彩等参数，如图 4-47 所示。

图 4-46　六种不同工具可以调整的内容

图 4-47　"基本校正"界面

在调节参数的过程中，要留意左边的 RGB 波形图，不要使某个部位曝光或者失去细节。也可以单击自动按钮，系统会提供初步的调色参考，在此基础上进行细节的调整就会简单很多，如图 4-48 和图 4-49 所示。

图 4-48　未点击自动按钮

图 4-49　点击自动按钮

（2）选择调色工具"创意"（图 4-50），可以用创作者的想象力添加一些色彩，给画面带来一些情感。

在这个模块中提供了一些预设颜色（图 4-51），用户可以使用 Premiere 内置的 LUT（look up table）或第三方颜色 LUT 快速调整视频的颜色，如图 4-52 所示。

　　其中调整"强度"参数可以设置应用 LUT 的效果强度;调整"淡化胶片"参数可以使纯黑色的部分稍微提亮,给人一种灰色的感觉;调整"锐化"参数可以提高图片的清晰度。下面两个色轮,一个是阴影色彩,一个是高光色彩。调整"色彩平衡",可以选择是偏于阴影更多还是偏于高光更多。

图 4-50　"创意"模块截图

图 4-51　系统预设颜色

图 4-52　选用 LUT

例如,给素材应用 Fuji F25 kodak 2393 预设的前后对比如图 4-53 所示。

图 4-53　同一个素材应用 Fuji F25 kodak 2393 预设的前后对比

（3）"曲线"调色。曲线图里面有很多不同的选项，调整"饱和度"参数可以使得每个颜色的饱和度增加或者减少。先用吸管吸取想要调整的颜色，然后会自动创建 3 个点，前面和后面的点是固定位，中间的点就是所要吸取的颜色，单击中间的点上下拖动可以对颜色饱和度做调整。同理可以操作色相和亮度。

在如图 4-54 所示案例中，我们可以画一条简单的曲线，使颜色看起来更立体。调整"色相与饱和度"时，先使用吸管选取花的红色，软件会自动创建 3 个点，再单击中间我们选取的颜色，往下拉，就可以降低红花的饱和度，调整"色相与饱和度"的前后对比效果如图 4-55 所示。调整"色相与色相"时，操作方法与调整"色相与饱和度"类似，如图 4-56 和图 4-57 所示。

图 4-54　调整"色相与饱和度"界面

图 4-55　同一个素材调整"色相与饱和度"的前后对比效果

图 4-56　调整"色相与色相"界面

图 4-57　同一个素材调整"色相与色相"的前后对比效果

　　(4)"色轮和匹配"用于一级颜色调整完之后,可以为素材添加一些色彩。通过"色轮和匹配"可以很方便地调出一些喜欢的色调。左边是"阴影"色轮,往上拉进度条就是阴影调亮,往下拉就是阴影变暗,如图 4-58 所示。

图 4-58　"色轮和匹配"模块界面

如图 4-59 所示素材,若想把街头做成偏暗偏绿的颜色,就可以通过"色轮和匹配"实现。

图 4-59　未调节"色轮和匹配"参数

　　首先,通过"阴影"将图片底色调至偏蓝加点绿;在"阴影"往下拉的同时,"中间调"最好往相反的方向拉,这样就能保证肤色不变;"高光"里可以尝试加入一些蓝或者绿,如图 4-60 所示。这样我们就调出了想要的脏绿的色调,如图 4-61 所示。

图 4-60 使用"色轮和匹配"给素材添加脏绿色

图 4-61 同一个素材调整"色轮与匹配"的前后对比

　　⑤"HSL 辅助"主要用来调整区域性的色差，如图 4-62 所示。局部调整画面的某一个部位时，比如用来调整人物肤色，用"HSL 辅助"工具调整之后再去"色轮和匹配"里面调整图片颜色将不会对肤色造成影响，如图 4-63 和图 4-64 所示。

　　如图 4-65 所示素材中，经过"色轮和匹配"的调整，整体颜色达到了想要的效果。

图 4-62 "HLS 辅助"模块界面　　　　图 4-63 "色轮和匹配"调节前

图 4-64 "色轮和匹配"调节后

图 4-65　同一素材使用"色轮和匹配"调整的效果对比

　　但是素材中人物的肤色变得比较蓝绿。想要局部性地调整肤色，可以通过以下步骤实现：

　　首先点击"设置颜色"中的吸管（图 4-66），选择想要调整的皮肤颜色的色相（图 4-67），系统会自动识别出 HSL（即色相、饱和度和亮度）；

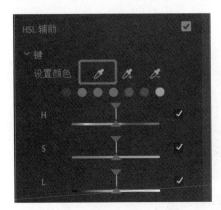

图 4-66　设置颜色——吸管位置

图 4-67　吸管吸取海报中人脸的肤色自动识别出 HSL

　　然后在"彩色/灰色"单选框前面打勾，添加蒙版，只要是灰色的地方就是没有被影响的，如图 4-68 所示。

　　之后调节"HSL"参数的选择范围（图 4-69）。进行放大或缩小的尝试，显示为黑色的地方就代表受影响的区域，我们需要调整的是人的肤色。多次尝试，尽量把蒙版做得干净一些。

　　再把"降噪"和"模糊"提高一些，使色相比较均匀地扩散，如图 4-70 所示。

　　最后取消勾选"彩色/灰色"（图 4-71）。由于人物脸色偏绿，再往左上拖动"更正"参数以添加一些色彩。最终得到如图 4-72 所示效果。

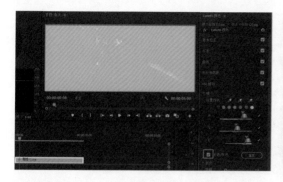
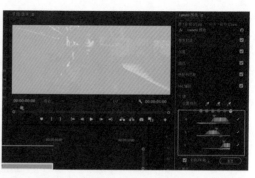

图 4-68　勾选"彩色 / 灰色"之后　　　　图 4-69　HSL 调节

图 4-70　优化　　　　图 4-71　取消勾选"彩色 / 灰色"

图 4-72　同一个素材设置"HSL 辅助"的前后对比效果

4.5　短视频音频处理

　　音频是一部完整的视频作品中不可或缺的一部分，正确处理和运用音频可以增强作品的艺术感染力。本节主要介绍短视频后期制作中如何对音频进行处理。

　　Premiere 可以在导入音频的过程中统一音频的格式，使导入的音频与项目中的音频格式相匹配。如果项目音频采样率设置为 48 kHz，所有导入视频文件的采样率都将转换为48 kHz。音频素材的导入方式与其他类型的素材一样，在新建的项目中创建一个序列，然后导入一个音频素材，将这个音频素材拖到新建序列的时间轴的音频轨道中，即可对音频进行编辑。

4.5.1　分离与链接音视频

　　可以在 Premiere 中将视频与音频分离，分别对视频和音频进行单独的编辑，如图 4-73 所示。执行"取消链接"操作之后，可以单独选择音频素材，对其进行操作，如图 4-74 所示。

图 4-73　添加素材到时间轴面板

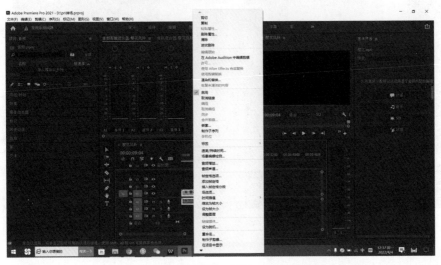

图 4-74　右键选择"取消链接"命令

　　若对原素材中的音频不满意，可以将其删除，然后导入事先准备好的音频素材。将准备好的音频素材导入时间轴音频轨道中，同时选择需要链接的视频和音频素材，单击鼠标右键，在弹出的菜单选项中执行"链接"操作，即可链接所选择的视频和音频素材，如图4-75所示。

图4-75　链接视频和音频

4.5.2　添加和删除音频轨道

1. 添加轨道

　　执行"序列"|"添加轨道"命令（图4-76），在该对话框中设置添加音频轨道的数量，如图4-77和图4-78所示。

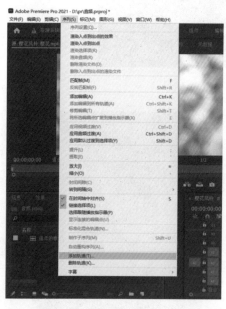

图4-76　"添加轨道"命令

图4-77　"添加轨道"对话框

图4-78　新增的音频轨道

2. 删除轨道

　　执行"序列"|"删除轨道"命令（图4-79），在弹出的对话框里选择需要删除的轨道，单击"确

定"按钮即可删除,如图 4-80 所示。

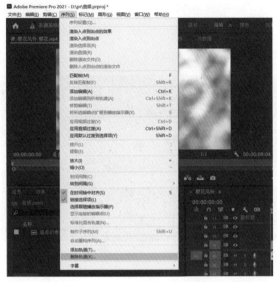 

图 4-79　"删除轨道"命令　　　　图 4-80　"删除轨道"对话框

4.5.3　调整音频时长和播放速度

1. 速度调节

在 Premiere 中可以方便地对音频素材的持续时长和播放速度进行修改。在时间轴面板中选择需要调整的音频素材,选择"剪辑"|"速度 / 持续时间"命令(图 4-81),在弹出的对话框里修改相应的参数即可调节视频播放速度,如图 4-82 所示。

图 4-81　"速度 / 持续时间"命令　　　　图 4-82　"速度 / 持续时间"对话框

2. 时长调节

除了通过调节播放速度改变时长外，还可以通过拖拽的方式调整音频的时长。将鼠标放在时间轴上的音频素材右侧，当鼠标指针变为红色向左的箭头状时，按住鼠标左键向左拖拽，拖放到需要的位置，即可对音频素材进行时长剪辑，如图 4-83 所示。

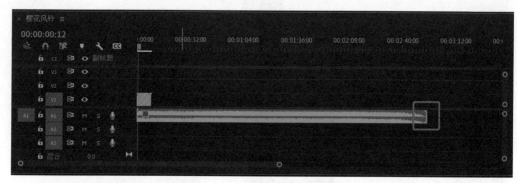

图 4-83　在时间轴上调节音频时长

4.5.4　音频效果

1. 音频增益

"增益"指的是音频中的输入电平或音量。使用"音频增益"命令可调整一个或多个选定音频的增益电平。

选择"剪辑"|"音频选项"|"音频增益"命令（图 4-84），在弹出的对话框中选择"调整增益值"选项（或使用键盘快捷键"G"），输入需要的参数，即可修改音频的增益值，如图 4-85 所示。

图 4-84　"剪辑"|"音频选项"|"音频增益"

图 4-85　"音频增益"对话框

调整数值时要注意"源"面板中音频波形的变化,试听增益后的音频效果。

试听过程中要注意观察右侧"音频仪表"面板(图 4-86),正常的音频播放量为 -6 dB,如果超过 0 dB,表示声音出现爆点,会显示红色。

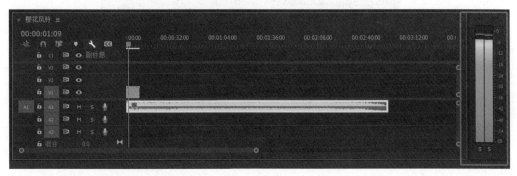

图 4-86　"音频仪表"面板

2. 添加音频效果和音频过渡

音频素材添加效果的方式与视频素材添加效果相同,在"效果"面板中找到"音频效果"和"音频过渡"文件夹(图 4-87),选中需要的效果拖拽到音频素材上,即可为音频素材应用相应的效果,如图 4-88 所示。

图 4-87　"音频效果"和"音频过渡"文件夹　　　　图 4-88　"音频效果"选项

4.5.5　音轨混合器

音轨混合器是 Premiere 中非常强大的音频编辑工具，用于调整音轨上选中的音频的音量、平衡以及设置静音、独奏等，还可开启写关键帧功能。

执行"窗口"|"音轨混合器"命令，打开如图 4-89 所示面板。

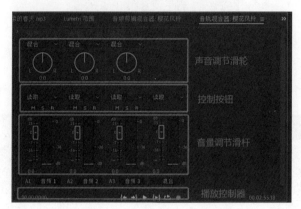

图 4-89　"音轨混合器"面板

4.6　短视频转场技巧

短视频的转场又称为过渡，指镜头之间的衔接转换方式。转场的设置可以使短视频更具条理性、层次性。转场方式有很多种，具体还要根据剪辑的需要来决定。在 Premiere Pro 里面，转场效果在"效果"面板的"视频过渡"文件夹中设置，不同的子文件夹中包含不同的转场效果（图 4-90），使用者可以根据需要随时调用。

图 4-90　"视频过渡"选项

4.6.1 添加转场

给不同的视频片段添加转场,使片段之间以某种效果进行切换,是视频剪辑常用的方法。本小节介绍添加转场的基本步骤。

(1)添加素材。将两个视频素材片段拖放到轨道中,按照一定顺序无缝连接。

(2)添加转场效果。定位需要转场的节点。选择"效果"|"视频过渡"命令,从不同类型的子文件夹中选择适合的转场效果拖放到需要设置转场的两个素材中间,拖放成功之后,素材之间出现转换标志,如图4-91所示。

(3)设置转场效果参数。选中添加的转场效果,打开"效果控件"面板(图4-92),对过渡效果进行设置,可以设置切换持续时间、切换校准的位置、切换过程中相邻素材边缘线条及切换方向。

图4-91 添加转场效果之后出现转换标志

图4-92 转场"效果控件"面板

4.6.2 批量添加切换效果

Premiere Pro 提供了批量添加视频过渡效果的功能,使多个片段之间的切换变得更加轻

松,批量添加切换效果的基本操作步骤如下:

（1）打开序列,导入要用到的素材,并对素材进行排序;

（2）使用选择工具,选中全部素材;

（3）选择菜单栏中的"序列"|"应用默认过渡到选择项"选项（图4-93）,将所设置的默认过渡效果应用到所选择的剪辑片段上。

图4-93　"序列"|"应用默认过渡到选择项"选项

应用成功后会发现,每个素材片段前后都增加了一个默认过渡效果,如图4-94所示,可以选中其中一个进行过渡效果参数的重新设置。

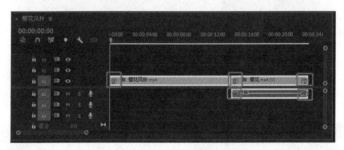

图4-94　"过渡效果"标签

（4）自定义默认过渡效果。打开"效果"面板,找到"视频过渡"文件夹,在需要设置的效果上右击,在弹出的菜单项中选择"将所选过渡设置为默认过渡"即可,如图4-95所示。

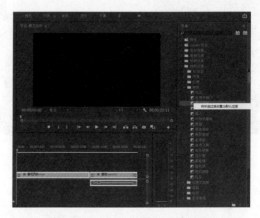

图4-95　自定义默认过渡效果

4.7　短视频后期特效

4.7.1　PR 制作颜色分离效果

制作一个抖音中常见的颜色分离效果,步骤如下:

(1)打开 PR,新建一个项目并命名,在项目面板双击,导入素材 "美女在樱花下跳舞",将视频素材拖到时间轴,预览素材(图 4-96)。

PR 制作抖音
颜色分离效果

图 4-96　素材预览

(2)在效果面板搜索视频效果 "颜色平衡",将该效果拖到时间轴的视频上,如图 4-97 所示。

图 4-97　添加 "颜色平衡"

（3）在轨道空白处右击，选择"添加单个轨道"，如图 4-98 所示。

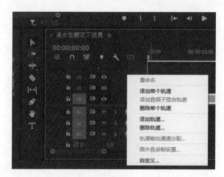

图 4-98　添加轨道

（4）单击素材同时按住 ALT+ 鼠标左键，向上复制三层，如图 4-99 所示。

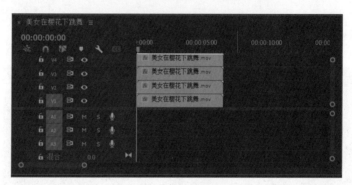

图 4-99　复制素材

（5）单击第一层视频，在"效果控件"面板里，设置"不透明度"下面的"混合模式"为"滤色"；在"颜色平衡"下面，将"绿色"和"蓝色"的值改为 0，如图 4-100 所示。

（6）单击第二层视频，在"效果控件"面板里，设置"不透明度"下面的"混合模式"为"滤色"；在"颜色平衡"下面，将"红色"和"蓝色"的值改为 0，如图 4-101 所示。

图 4-100　设置第一层视频的参数

图 4-101　设置第二层视频的参数

（7）单击第三层视频，在"效果控件"面板里，设置"不透明度"下面的"混合模式"为"滤色"；在"颜色平衡"下面，将"红色"和"绿色"的值改为 0，如图 4-102 所示。

图 4-102　设置第三层视频的参数

（8）把时间手柄拖到视频开头，按住 Shift+ 键盘右键，向前前进五帧，把最上面一层视频拖到这个位置，如图 4-103 所示。

（9）单击第二层视频，按住 Shift+ 键盘右键，向前前进五帧，把第二层视频拖到这个位置，如图 4-104 所示。

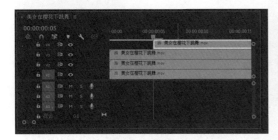

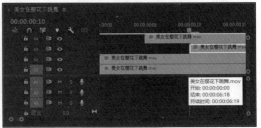

图 4-103　素材拖动　　　　　图 4-104　素材位置调节

（10）制作完成，可以从头播放看下效果。也可以为视频添加合适的背景音乐，增加视频的视听体验。

4.7.2 PR 制作中国风水墨遮罩效果

（1）打开 PR，新建一个项目并命名，在项目面板双击，导入素材——古风素材 .mov、古装女孩写字 .mp4、古风背景音乐 .mp3，将视频素材拖入时间轴，古风素材作为遮罩放在最上面一层，如图 4-105 所示。预览素材查看效果。

图 4-105　素材预览

（2）按住 Alt+ 鼠标左键，将古风素材向上拖动，复制一层，如图 4-106 所示。

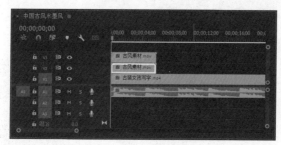

PR 制作中国风
水墨遮罩效果

图 4-106　复制轨道素材

（3）选中第二层古风素材，在效果面板里搜索"遮罩"字样，找到"键控"下面的"轨道遮罩键"（图 4-107），将其拖放应用到第二层古风素材上，如图 4-108 所示。

图 4-107　"键控" | "轨道遮罩键"

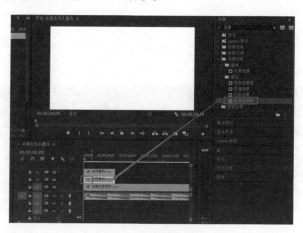

图 4-108　轨道遮罩键应用

（4）"效果控件"对话框里会出现"轨道遮罩键"下拉菜单，调整轨道遮罩键参数："遮罩"选择"视频3"，"合成方式"选择"亮度遮罩"，如图4-109所示。

图4-109　轨道遮罩效果设置

（5）此时就实现了中国风水墨遮罩效果，可以播放看下效果，如图4-110所示。

图4-110　遮罩效果

4.7.3　PR制作视频漫画效果

（1）打开PR，新建一个项目并命名，在项目面板双击导入素材"校园戴耳机的少女.mov"。将视频素材拖到时间轴，预览视频（图4-111）。

（2）在效果面板里搜索"色调分离"，将其拖放应用到素材上，如图4-112所示。此时在预览窗口已经看到视频有漫画效果了。可以播放查看效果。

（3）如果想要漫画效果更明显，单击"效果控件"，在窗口中打开"色调分离"子菜单，把"级别"的参数调小，例如改为"7"，如图4-113和图4-114所示。

PR制作视频
漫画效果

图 4-111　预览素材

图 4-112　色调分离

图 4-113　"级别"参数为"7"效果

图 4-114　"级别"参数为"6"效果

4.7.4　PR 制作屏幕抖动效果

（1）打开 PR，新建一个项目并命名，在项目面板双击导入素材"回眸女孩 .mp4"。将视频素材拖到时间轴，播放一下查看效果。

（2）标记视频，即标记出需要设置抖动的区间。要求在女孩回眸瞬间加上屏幕抖动效果，按键盘左键找到转头开始的帧，在英文输入法状态下按"M"键添加标记，按住 Shift+ 键盘右键，找到转头结束的帧，同样按"M"键添加标记，如图 4−115 所示。

PR 制作屏幕
抖动效果

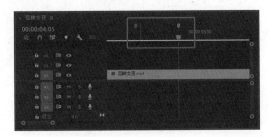

图 4−115　标记视频

（3）每隔五帧为视频添加旋转动作和关键帧。把时间手柄拖到第一个标记点，单击时间轴上的视频，在"效果控件"中找到"旋转"，单击"旋转"前面的小圆圈，在这里添加一个关键帧，如图 4−116 所示。然后按住 Shift+ 键盘右键，向前前进五帧，将旋转参数改为 −9；再按住 Shift+ 键盘右键，向前前进五帧，将旋转参数改为 −9；以此类推，按照这个流程，把标记的区间全部做完，最后查看效果。

图 4−116　添加动作和关键帧

4.7.5　PR 制作横屏转竖屏效果

（1）打开 PR，新建一个项目并命名，在项目面板双击导入素材"毕业季女孩 .mp4"。将视频素材拖到时间轴，播放一下查看效果，如图 4−117 所示。

（2）把时间手柄拖到开始，选择"序列"|"序列设置"，打开如图 4−118 所示对话框，视频默认为 16：9 的横屏序列。

更改"视频"选项组中参数，将视频改为 9：16 的竖屏序列，如图 4−119 所示。

PR 横屏视频
转为竖屏

图 4-117　素材预览

图 4-118　默认序列设置为 16∶9

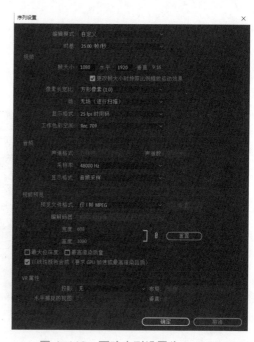

图 4-119　更改序列设置为 9∶16

（3）更改序列之后发现画面上下有黑边，人物不居中，如图 4-120 所示。在效果面板里搜索"自动重构"（也可选择"效果"|"视频效果"|"变换"|"自动重构"），拖放应用到时间轴的视频素材上。

此时软件已经自动将画面中的人物调整到了屏幕的中间，并把上面和下面的黑边铺满，如图 4-121 所示。

（4）将时间手柄拖到视频开始，播放查看效果。

图 4-120　更改序列设置为 9∶16 之后预览效果　　　　图 4-121　自动重构效果

4.8　字幕设计与制作

　　字幕是短视频的重要组成部分,有助于更清晰地传达短视频所要表达的内容。本节主要学习在 Premiere Pro 中为短视频添加和编辑字幕,批量修改字幕,字幕的特效制作等技巧。Premiere 2021 更新了字幕的编辑方式,新增了独立字幕轨。下面介绍字幕的三种制作方法以及设置字幕特效的技巧。

4.8.1　通过旧版标题添加字幕

　　如图 4-122 所示,选择"文件"|"新建"|"旧版标题",弹出如图 4-123 所示对话框,在"名称"文本框输入字幕名称,如"字幕 01",设置字幕的宽与高,单击"确定",弹出旧版标题面板(图 4-124)。

图 4-122　选择"文件"|"新建"|"旧版标题"　　　　图 4-123　"新建字幕"对话框

单击如图 4-124 所示面板左侧"T"文字工具，在窗口画面中输入字幕文本，也可在窗口画面中拖动鼠标绘制一个文本框，然后在文本框内输入文本内容，如"樱花风铃"。

图 4-124　旧版标题面板

通过快捷键 Ctrl+A 选中文本字幕，在面板上方可以修改文字的字体、字号、字间距等基础属性，也可以在右边工具栏设置更多的字幕属性，如通过"填充"改变文本的颜色、投影、效果等，如图 4-125 所示。此外，还可以直接选用面板下方已编辑好的旧版标题样式，单击某一个样式，就能直接应用该字幕样式。

图 4-125　修改字幕属性

知识小贴士：

旧版标题面板的左上方区域为工具面板，可以设置横排文字和竖排文字，也可以个性化定制文本显示路径，以及在画面中添加相应的几何形状等；面板的左下方为布局面板，利用"对齐"设置字幕对齐样式，用"分布"设置字幕的分布方式。

当需要批量制作字幕时，在项目窗口（左下方）复制粘贴第一个字幕文件，得到多份格式相同的字幕文件，双击文件输入文字即可。这样得到的字幕在大小、颜色等属性上会保持一致。

4.8.2 通过字幕面板添加字幕

在菜单栏中选择"字幕"，打开如图 4-126 所示对话框，这个对话框在旧版本叫字幕，新的版本叫文本。修改属性方式同上。对话框中出现两个选项，分别是"创建新字幕轨"和"从文件导入说明性字幕"。

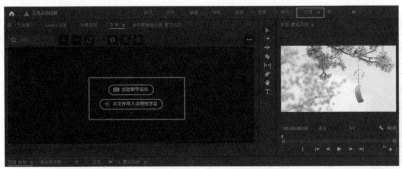

通过字幕
面板添加字幕

图 4-126 字幕面板

1. 从文件导入说明性字幕

选择"从文件导入说明性字幕"之后，找到已经创建好的 SRT 字幕，然后双击导入，如图 4-127 所示。弹出如图 4-128 所示对话框，直接按"确定"就好。导入字幕后，显示如图 4-129所示窗口。

图 4-127 选择准备好的字幕文件　　　　图 4-128 New caption track 对话框

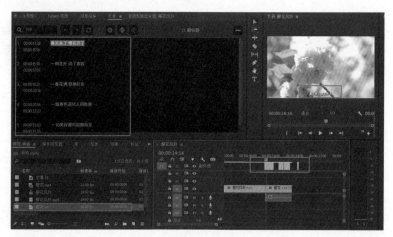

图 4-129　字幕导入

　　导入字幕后，可以看到"文本"选项卡中显示了具体的字幕信息。同时时间轴上出现一个新的轨道，这个就是字幕专属的轨道。视频画面上也出现了字幕，想要更改字体的话，编辑右边的"基本图形"参数就可以更改字样（图 4-130），也可以拖动改变字幕在轨道上的位置。

图 4-130　编辑字幕字体样式界面

　　如果我们只设置了一段字体，其他段还是原来的字体样式，我们就可以把第一个设定好的字体设成一个模板，选择"轨道样式"|"创建样式"，如图 4-131 所示。

图 4-131　创建字幕样式

创建完之后,就制作了一个字幕样式模板,可以将其应用于其他字幕。

2. 创建新的字幕轨

选择"创建新字幕轨",这样就新增了一个字幕轨道。

在"文本"选项卡单击 + 号,添加新字幕分段,如图 4-132 所示。

图 4-132　添加新字幕分段

可以在文本框输入字幕,然后拖动调整,进而改变字体样式,如图 4-133 所示。

图 4-133　改变字体样式

如果字幕里有断句,就可以使用"文本"选项卡里的拆分字幕功能将其平均分成两段,如图 4-134 所示。

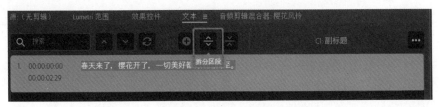

图 4-134　字幕拆分功能

4.8.3 添加图形字幕

将时间线拖拽到你想要加字幕的画面,使用文字工具在"节目"窗口键入文字即可,字体样式编辑修改方式同上,如图 4-135 所示。

批量制作:制作完第一个图形字幕后可以看到视频轨道左端出现一个代表字幕的条块,如图 4-136 所示。

使用剃刀工具可以将字幕条块分割成多个小条块,将时间线移动到各个小条块位置即可在节目窗口修改文字,如图 4-136 所示。

图 4-135　添加文字工具　　　　　　　图 4-136　字幕分段

按住 Alt 键拖拽第一个字幕条块可以复制出多个同样格式的字幕条块,如图 4-137 所示。

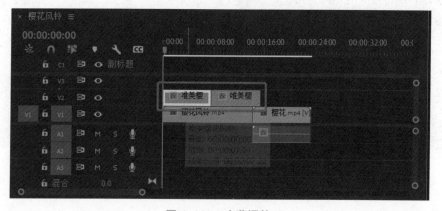

图 4-137　字幕调整

4.8.4 字幕特效设置

PR 中"效果"选项卡里面的视频效果和视频过渡效果均可使用在字幕及字幕的过渡中,在"效果"选项卡中选中需要的效果拖拽到字幕或字幕间过渡上即可,如图 4-138 所示。同理,对字幕也可以使用"效果控件"中的效果,做缩放、位置移动等各种特效。

图 4-138　特效应用

4.9　短视频渲染与输出

视频剪辑的最后一个环节就是作品的渲染和输出。在这个环节，可以设置视频的导出格式、存储位置，还可以对视频输出的范围等参数进行选择和设置。

4.9.1　导出媒体

选择"文件"|"导出"|"媒体"（图 4-139），弹出"导出设置"对话框（图 4-140），可以设置导出视频的格式、预设、保存路径等。

图 4-139　"文件"|"导出"|"媒体"　　　　图 4-140　"导出设置"对话框

设置完成后,单击"导出"按钮,开始视频输出的渲染。渲染完成后,即可生成所设置的格式的编码视频。

在输出短视频的时候,要注意导出参数的设置,包括文件格式、视频尺寸、高低场、比特率、音频等,这些设置不仅影响视频体积的大小,还关系到视频画面的画质,最终影响短视频的视听质量。

1. 文件格式

短视频常用的封装格式有 mp4、avi、mov、flv、rmvb 等。

mp4 是最常用的格式之一,它不仅文件体积小,而且清晰、流畅,适合流媒体在线播放。

avi 是微软公司早期开发的一种有损压缩方式,虽然画面质量不是太好,但应用范围仍然非常广泛,主要应用在多媒体光盘上,用来保存电视、电影等各种影像信息。

mov 是 QuickTime 播放器使用的视频格式,具有较高的压缩比率、完美的清晰度和较小的储存空间等优点,且具有较好的跨平台性,适合 ISO 系统和 Windows 系统。

2. 视频尺寸

短视频根据用户终端不同,可以分为横屏和竖屏。其中手机端多使用竖屏,3∶4 和 9∶16 的比例尺寸较为常用;电脑端则较多使用 16∶9 或者 4∶3 的横屏比例。

3. 帧速率 fps

帧速率的单位是帧/秒,用来表示每秒钟播放画面的数量,常用的帧速率有 25 帧/秒、30 帧/秒、60 帧/秒。帧速率越高播放越流畅,视频体积也就越大,对渲染的性能要求也就越高。

4. 比特率 bps

比特率越高,传送速度就越快,同时视频体积越大;相反,比特率越低,压缩比就越高,体积越小,画质也越差。在视频压缩中不可盲目追求体积大小和画质高低,一定要结合投放平台要求进行合理设置。

4.9.2 导出单帧

在 PR 中,除了可以输出视频格式,也可以将视频中的某一帧输出为图片。可利用节目监视器菜单栏中"导出帧"按钮导出单帧,具体操作如下:

在时间线窗口中,将时间线播放指示器放到想要输出的帧上,单击菜单栏中的"导出帧"按钮,如图 4-141 所示。

在"导出帧"的对话框中设置需要导出的图片的名称、格式、存储位置,单击"确定"按钮,导出单帧图片,如图 4-142 所示。

4.9.3 导出序列

PR 中也支持导出序列,方便用户在其他设备、编辑平台或软件中再次编辑。具体方法如下:

选中需要导出的序列,选择"文件"|"导出 Final Cut Pro XML"(图 4-143),在弹出的对话框中,设置导出的文件名和存储位置,单击"保存"按钮。

同理,选择"文件"|"导入"(图 4-144),在弹出的对话框里,选择需要导入的序列文件,单击"打开"按钮,即可将该序列导入项目中。

图 4-141　"导出帧"界面

图 4-142　"导出帧"弹框

图 4-143　导出序列

图 4-144　导入序列

📖 |课后习题|

一、选择题

1.Premiere 是一款(　　)软件。

A. 图像处理软件　　　　　　　　　　B. 视频剪辑软件

C. 视频特效软件　　　　　　　　　　D. 视频转换软件

2. 帧速率表示(　　)。

A. 静帧播放的速度　　　　　　　　　B. 一秒钟播放图片的多少

C. 图片播放效率　　　　　　　　　　D. 视频体积的大小

3. 决定视频体积大小的关键参数是(　　)。

A. 帧速率　　　　　　　　　　　　　B. 封装格式

C. 比特率　　　　　　　　　　　　　D. 视频尺寸

4. 视频画面颜色矫正需要用到的核心效果是（　　　）。

A. 视频效果　　　　　　　　　　　　B. 转场效果

C.Lumetri Color　　　　　　　　　　D. 视频变换

5.PR 效果控件具有哪些功能？（　　　　）

A. 调节音量　　　　　　　　　　　　B. 调节色彩

C. 调节动作　　　　　　　　　　　　D. 调节特效

二、填空题

1.Premiere 编辑的最小单位是＿＿＿＿＿＿,透明度参数越高表示＿＿＿＿＿＿。

2.用＿＿＿＿＿＿工具可以将素材切割开来,用＿＿＿＿＿＿工具可以改变视频大小。

3. 动态字幕中,滚动字幕是＿＿＿＿＿＿动态,游动字幕是＿＿＿＿＿＿动态。

4. 在 Premiere 中,利用＿＿＿＿＿＿可以创建图形和文字。

5. 如果想分离视频和音频,需要执行＿＿＿＿＿＿操作,单独提取音频。

📖 |任务实训|

1. 请选择任一爱国电影,截取精彩片段完成电影预告片剪辑。

2. 按照第二章的实训脚本,剪辑第三章实训录制的素材。

要求如下:

画面清晰、无水印;

时长在 1 分钟以内;

封装格式为 mp4;

压缩编码为 H.264;

帧速率为 25 帧 / 秒;

分辨率为 1080*720;

音频码率为 48kHz。

Duanshipin Chuangzuo yu Yunying（Cehua、Paishe、Jianji、Tuiguang）

第五章

短视频推广

本章特色

知识学习：本章主要向读者介绍了九大常用的短视频推广平台、六大吸睛标题设计方法、五大动人文案写作方法、三种精彩封面设计技巧、合理设置标签的四个技巧和发布节点的注意事项，针对短视频推广问题提供广泛指导。

技能提升：通过本章的学习，学习者能正确认知九大常用短视频推广平台的特点，掌握短视频标题命名和文案写作的方法，学会设计短视频封面，能根据短视频类型设置标签，并选择合适的时间节点发布短视频作品，为学习后期各类短视频的推广打下坚实基础。

素质养成：本章重在培养学习者刻苦学习、勇于实践的意识，提升学习者的信息敏感度和审美价值观，增强职业素养。

5.1　常用的短视频推广平台

随着网络技术不断更新，移动互联网改变着用户群体的阅读习惯和消费场景，各类 UGC 平台将文字内容输出转向视频内容输出。"短视频"一词也成为大家口中的高频词汇，依托短视频所衍生的产业更是如日中天。例如，短视频带货、短视频营销、Vlog 等逐渐成为企业与个人争相踏进的领域。面对众多短视频平台，创作者可以根据自身的短视频内容与属性，选择入驻相应的平台。

1. 抖音

抖音是 2016 年 9 月上线的一款音乐创意短视频社交软件，通过分享生活中奇闻趣事来吸引用户。抖音是一个专注年轻人的 15 秒音乐短视频社区，用户可以为自己拍摄的短视频选择歌曲，形成完整的作品，并通过平台提供的拍摄、剪辑、特效等技术，让原本普通的视频具有创造性。抖音也是目前短视频平台中最热门的 App 之一。

抖音标语：记录美好生活。

用户属性：时尚、年轻的女性用户居多，主要集中在一二线城市。

平台特色：多元化，内容原创，用户多，产品丰富，支持商业变现、内容变现等。

视频呈现方式：手机端，竖屏为主，小视频。

2. 快手

快手诞生于 2011 年，前身是"GIF 快手"，起先是用于制作和分享 GIF 动图的 App，2012 年转型为短视频平台，用于记录生活、分享生活，在 2015 年时迎来平台的快速发展期。快手在短视频 App 中有更多的探知欲和接受度，更容易被三四线城市的用户青睐。

快手标语：快手，记录世界，记录你。

用户属性：崇尚老铁文化、热爱分享的三四线城市人群。

平台特色：多元化，根据大数据推算打通推荐和关注的协同关系，是一个更新速度快，以欢乐为主的平台。

视频呈现方式：手机端，竖屏为主，小视频。

3. 抖音火山版

前身为"火山小视频"，同样是由今日头条（字节跳动）孵化的产品，旨在打造一个15秒原创生活式视频社区。抖音火山版对标的平台是快手App，对创作者而言，如果已经在抖音平台上发布作品，那火山版也同样可以作为一个输出窗口来同步进行。如果还未涉及太多短视频行业，且创作剪辑能力一般，则可以选择抖音火山版进行尝试。

抖音火山版标语：更多朋友，更大世界。

用户属性：以三四线城市人群为主。

平台特色：对标快手，内容更接地气，功能简单易上手，更适合大众化品牌和人群。

视频呈现方式：手机端，竖屏为主，小视频。

4. 西瓜视频

西瓜视频，是今日头条视频更新后的产物，主打个性化短视频推荐，通过人工智能帮助用户发现自己喜欢的视频，能让用户发现新鲜且符合自己口味的视频内容，是字节跳动重要的视频平台之一。与其他字节跳动的视频平台不同的是，西瓜视频以横版视频和1分钟以上的短视频为主，同时更加支持"三农"领域，并提供较多的教程帮助创作者学习和创作。如果你的创作领域是以农业为主的短视频，可以优先选择西瓜视频。

西瓜视频标语：给你新鲜好看。

用户属性：一线、新一线、二线城市的"80后""90后"群体用户。

平台特色：基于人工智能算法，为用户推荐适合的内容，内容频道丰富，影视、游戏、音乐、美食、综艺五大类频道占据半数视频量。

呈现方式：横屏，1分钟以上短视频。

5.Bilibili（哔哩哔哩）

哔哩哔哩，又名"B站"，是一个以二次元文化为主的短视频平台，有较高的垂直度，用户群体主要集中在"90后"和"00后"，用户黏度和使用率高，网页端口使用较多，创作时可以关注整体效果。"90后"和"00后"是互联网时代市场的主力军，如果目标群体是"90后"和"00后"，且二次元、动漫周边类的创作者可以优先考虑在哔哩哔哩中深耕细作。

Bilibili标语：哔哩哔哩（゜-゜）つロ 干杯~。

用户属性：二次元文化垂直类人群，以"90后""00后"群体为主。

平台特色：聚合类视频平台，二次元文化社区，领先的年轻人文化社区。

呈现方式：横屏，网页版，短视频。

6. 腾讯微视

腾讯微视是腾讯旗下的短视频创作与分享平台，用户可以方便地将拍摄的短视频同步分享到微信朋友圈、QQ空间、腾讯微博等一系列腾讯产品上，可以更大范围地推广作品。腾讯微视的用户群体主要是大学生和职场人士，但宣传推广力度与抖音、快手相比较小，可将微视作为一个分发平台来发布作品。

腾讯微视标语：发现更有趣。

用户属性：以大学生、职场人士为主。

平台特色：基于原本社交平台的影像创作，功能简单，容易操作。

呈现方式：竖屏为主，小视频。

7. 美拍

美拍是以女性群体为主的生活类短视频平台，垂直度较高，因女性用户较多，所以非常适合发布美容、美食、健身、穿搭、美妆等类别的视频。创作者可以根据自身的能力和账号的匹配度，在美拍平台上进行针对性的创作。

美拍标语：美拍，每天都有新收获。

用户属性：女性居多，美妆、美食、服装等泛生活年轻群体。

平台特色：高颜值的原创短视频平台，美妆类垂直领域优势比较强。

呈现方式：竖屏为主，小视频。

8. 小红书

小红书是一个生活方式平台和消费决策的入口。在小红书 App 上用户可以以文字、图片、短视频的方式分享、记录年轻人的正能量和美好生活。平台通过机器学习对海量信息和人群进行精准匹配。小红书的用户以年轻女性居多，视频内容大多是产品测评，如果创作者是知识类账号，可以将小红书平台作为一个分享和引流窗口。

小红书标语：标记我的生活。

用户属性：女性用户占 77%，一、二线城市用户占 56%，以"90 后"为主。

平台特色：以测评类、知识类、美妆类、穿搭类视频为主，支持图文形式的内容。

呈现方式：竖屏为主，图文并茂，小视频。

9. 秒拍

秒拍视频是一个集拍摄、剪辑、分享于一体的短视频工具，与微博建立了链接，一方面秒拍有微博搜索引擎的加持，另一方面秒拍也是时尚达人的垂直领域的短视频平台。创作者可以将秒拍视频作为分发平台进行作品的发布。

秒拍标语：秒拍，超超超超好看。

用户属性：二、三线城市用户为主，年轻群体居多。

平台特色：与新浪微博链接，便于分享，功能简单易操作。

呈现方式：横屏，短视频。

5.2　拟定短视频吸睛标题

标题是短视频作品中较为重要的内容，是用户看到视频的第一印象，好的标题能够在第一时间抓住用户的眼球，提高视频的完整播放率，还能够引导用户产生点评和留言等一系列互动。另外，标题之所以重要，也与短视频平台中大数据的分析密切相关，平台通过数据分析会对吸睛的标题给予更多流量,从而获得短视频平台的推荐,提升短视频曝光度。

吸睛的标题可以是多种多样的,相同的短视频,根据视频的传播目的,标题的侧重也可以有所不同。创作者可以从以下六点进行标题设计。

1. 制造悬念,激发用户好奇心

制造话题悬念,让用户期待视频的内容,猜测视频下面的故事将如何进展,这类视频的标题需要讲一半留一半。例如:"分享 3 个生活妙招,最后一个最……""视频最后竟然是……""冰箱中的隐藏杀手竟然是……""最后出现的神秘人,他的身份竟然是……""快递多次被冒领,没想到真相竟然是……""最可怕的不是……而是……",如图 5-1 所示。制造悬念的标题能提升视频的完整播放率,如果视频设置的悬疑内容和视频效果与用户猜测一致,还会促使用户参与互动。但值得注意的是,这类标题的"结局"不能直接表现,结局要设置在视频中或视频结尾,这样才能使用户将视频播放完整。

制造悬念的标题常用词:3 分钟学会……,这个方法……,大家都在用的……,不是……而是……,我以为……没想到……,这个秘密居然是……。制造悬念的标题词汇可以在内容确定好后再进行提炼,并且要注意平时的积累。

（a）　　　　　　　　（b）　　　　　　　　（c）

图 5-1　制造悬念的标题

2. 巧用数字和数据

数字和数据可以使标题和视频内容逻辑清晰,提高用户阅读效率,让用户轻松掌握短视频内容要点。数字在表达上更加具体,容易激发用户的阅览兴趣。例如,博主"王大可子"创作了"当一个女孩 10 年没买过毛衣,还是妈妈牌的最香,家里妈妈织的毛衣大概也有 100 件了,每一件都是独一无二的宝贝"[图 5-2（a）],标题清晰显示 10 年内一位母亲为女儿织 100 件毛衣,激起用户的兴趣和好奇,视频一发瞬间引起网络的点赞与互动。再如美妆博主"哦王小明"的一个点赞量达到 6 万 + 的视频以"每天给我 1 分钟,实测有效的 6 个变美小技巧!"作标题

［图5-2(b)］，就巧妙地运用了数字标题，迅速抓住对标用户的变美心理，促使用户观看完整的视频并点赞留言进行互动。

另外，巧妙运用数据作为视频内容的支撑，可以使短视频的内容具有权威性，更容易获得大众的理解和认可，从而纷纷转发并互动。例如，"幽门螺杆菌，感染8亿中国人，1人中招传染全家，这些知识你需要知道"［图5-2(c)］会比"感染幽门螺杆菌的风险有多大？"更加能够吸引用户观看，更加有传播力度。

（a）

（b）

（c）

图5-2 巧用数字和数据的标题（1）

数字和数据标题的用词应该符合科学事实并且要体现在视频内容中，所以选择这类标题时尤其要注意数据的来源是否真实有效，不能随意编造数据来博取眼球，如图5-3所示。

图5-3 巧用数字和数据的标题（2）

3. 利用热点事件的字词

标题中加入热点事件相关的字词可以增加短视频的曝光度，达到"借势营销"的目的，如果视频的内容与热点话题相关，就可以在视频标题中加入热点关键词，短视频平台会根据热度增加视频的播放率和流量，从而让更多的人看到。例如，春节前夕大家都在关注返乡热潮，抖音博主"晓凡凡"结合当下"回家过年"的热点，一人分饰多个角色，演绎不同打工人返乡过节的状态，内容和标题都贴合热点，在他发布的第一个"春运回家"视频爆火后，迅速追赶自己创造出来的热点，制作了第二个"春运回家"短视频，平台为他引流的同时增加了粉丝的点赞、转发和互动数量（图5-4）。

使用这类标题需要注意的是，利用热点写标题，内容和选题都需要与热点事件相关，不能标题是"除夕和春节"，结果视频内容则是"圣诞节"。

（a）　　　　　　　　　　（b）

图 5-4　利用热点字词的标题　　　　　　晓凡凡的短视频

4. 调动情感与用户产生共鸣

调动情感类标题一般以亲情、爱情、友情的内容出现，标题中加入渲染情感的字词来调动用户情绪，让用户觉得你与他有相同的价值观，同样的情感和波动，能够迅速抓住用户内心的情绪并得到认同。例如，使用感动、暖心、真情、纪念、热血、致敬、治愈、团圆等调动情绪的词，触发用户感情，与用户产生共鸣，就会让用户为你的作品点赞，进而转发评论，形成具有黏性的关注者。

调动情感类标题往往要与账号内容匹配，用户人群以女性居多。如情感类节目主持人涂磊，目前在抖音情感类主播中影响力排名第一，粉丝用户达到五千万，视频获赞量达 3.9 亿（图5-5）。在他的视频标题中频繁出现"委屈、苦难、家庭、感动、心动"等词，并关联标题"涂磊的情感课堂"，视频的目标人群定位精准，每个作品都能与精准的用户产生情感上的共鸣，用户群体纷纷转发评论，并将视频作为内心情感的输出口。

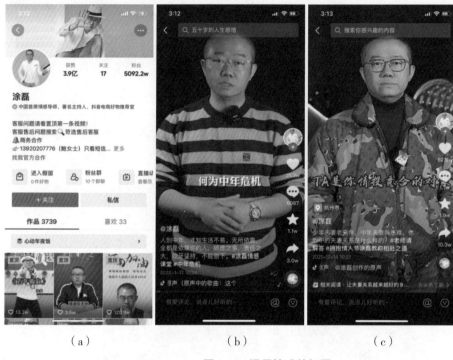

（a）　　　　　　　　　（b）　　　　　　　　　（c）

图 5-5　调用情感的标题　　　　　　　涂磊的短视频

5. 设置疑问或反问引发互动

设置疑问或反问的标题往往能够激起用户强烈的好奇心，间接戳中用户的心理共同点进而引起互动，播放效果比感叹句和陈述句好，更加能够引发用户积极参与视频的讨论和互动。在短视频平台上，许多用户的评论比视频本身的内容还要精彩，如果剧情有反转或者设计巧妙，还会达到事半功倍的效果。

这类标题可以直接提出疑问或者反问，引导用户评论，例如："女朋友能有多记仇？""视频的最后你觉得是什么？""你有没有莫名其妙的累？""基金到底如何抄底？""口碑最差的电影到底坏在哪里？""过年的美食用手机要怎么拍？""究竟是什么引起猫咪的注意？""听完这首歌，你又想起来谁？"等等。

那么什么类型的短视频标题适合设置疑问或反问呢？如科普类、生活小妙招类、测评类、知识分享类、动漫二次元类等都可以使用这种标题（图 5-6）。例如，Bilibili（哔哩哔哩）上的科技榜就大量使用疑问和反问的方式设置标题。

设置疑问或反问的标题常用到"如何""怎么样""为什么""竟然""难怪""难道""居然""究竟""何尝"等词汇。

6. 直击用户痛点给出确切利益

直击用户痛点给出确切利益是要关注用户通过观看你的短视频能够得到什么利益。对于知识分享类账号，如果你的视频不能满足观众的求知欲或利益点，那么用户甚至没有看完就会划走。在标题中给出承诺，用户看完视频能有所收获，这就大大提高了用户的关注度和黏性，遇到类似问题就会第一时间想到你的作品。

　　这种方法在新媒体广告文案中经常使用,关键是怎样提炼利益点,掌握这种方法需要创作者具有敏锐的洞察力,知道用户关心什么,想要什么,用户的痛点是什么。这种标题往往需要根据账号的内容和选题方向决定,首先要了解你的短视频用户人群是谁,他们是不是真的关注视频中的内容。例如,新手妈妈会更加关注育儿知识的视频,年轻白领会关注职场人际关系和数码科技,家庭妈妈会关注好物分享、省钱妙招、美食制作,等等。

　　如健身博主"周六野 Zoey",她的每个短视频标题都清晰地写出用户形体身材遇到的痛点,并在视频内容中给出解决方法,如图 5-7 所示。

现在入门显卡真的值得入手么？RTX 3050首发感悟

RTX 3050首发测试来了，入门级显卡是否值得购买呢，今天我们就来一探究竟

不咕搞机社　　▶ 1　　📄 0

（a）

电脑玩游戏卡顿？快看看你的显卡接对了吗？

电脑装机馆　　▶ 11　　📄 0

（b）

图 5-6　设置疑问或反问的标题

（a）　　　　　　　　　（b）　　　　　　　　　（c）

图 5-7　　直击用户痛点的标题

5.3 撰写短视频动人文案

短视频是继图片、文字、传统视频之后兴起的新型的互联网内容传播形式，在新媒体行业的基础上，将文字、图片、视频和语音相结合，更加直观和立体地满足用户之间相互展示和分享的诉求。在短视频中，文案起着决定性因素，一段动人的文案，可以直接或间接地引发用户内心的情感共鸣。文案即短视频的内容，在内容为王的流量时代，短视频创作者必须要具备脚本创作的能力，那么如何写好短视频文案呢？

文案是短视频上出现的文字，或以拍摄的手段演绎出来的内容，视频表现上，一般在15～20字之间，占据1～2行的位置，最多50字左右，需围绕"用户"来写。

撰写动人文案，可以从以下几点着手：

1. 研究受众，确定目标用户的需求和痛点

① 功能性需求：善于利用大数据，分析用户常见的功能需求，结合账号的粉丝画像与视频内容，总结目标用户的需求和痛点。

② 情感需求：把握用户心理，抓住用户深层次的情感需求，我们会因看到一段奥运健儿夺金的新闻热点而激动点赞，也会为好人好事的励志故事而感动落泪。在社交网络中传播最快最广的视频，就是可以引发用户情绪的文案在起决定性的作用。在分析用户需求时，要学习研究用户的情绪，把握用户心理，洞察用户深层次的情感需求。

2. 用户思维，与用户关联，激发互动

站在用户的角度思考问题，与用户建立联系，围绕情感维护、知识分享、好物测评撰写文案，可以让用户联想到需求进而引发互动。

3. 结合场景，增加说服力

一些响亮的广告文案，都是结合特定的环境和场景来增强产品本身的说服力。比如："怕上火，喝王老吉"，视频本身设定在烧烤和火锅的环境中，让用户第一时间联想到"上火"一词，接下来引出产品，效果倍增。类似的文案还有"累了困了喝红牛""钻石恒久远，一颗永流传""多用脑，就喝六个核桃"等等。

4. 设计悬念，增加传播度

在文案中设计悬念，让用户对视频内容产生好奇，勾起用户的兴趣，从而观看完整的视频，引发用户分享，降低沟通成本。例如，"你知道你每天使用的手机屏幕到底有多少细菌吗？"

5. 运用信息手段

好的文案需要长期的积累和练习，但也可以利用一些信息化手段来丰富文案的内容。

① 数英网,网址:http://www.digitaling.com。

打开数英网主页(图 5-8),找到文章导航,按照具体需求找对应的二级内容列表。数英网内容涵盖市场营销、广告传媒、创意设计、电商、移动互联等主流领域。

图 5-8　数英网主页截图

② 顶级文案,网址:http://www.topys.cn。

顶级文案(图 5-9)中的内容更加专业,可以为短视频文案后期润色。

图 5-9　顶级文案网截图

③ 广告门,网址:http://www.adquan.com。

广告门(图 5-10)是一个专注于创意广告、策划、文案制作的网站。

图 5-10　广告门网截图

5.4　制作短视频精彩封面

影响短视频点击率的，除了标题，还有一个关键因素，那就是封面。

视频的封面相当于人的相貌，在日常生活中，我们会根据自己所看到的人物试图了解 ta。短视频的封面也是这样，精彩的封面能够让用户快速捕捉到视频亮点，一个好的封面可以提升65% 的视频点击率（数据来源：抖音创作者学院数据）。

封面一般是 1～3 张明确该段视频内容的图片，图片所传达的信息要比文字和标题更加直观形象，能够直接吸引用户注意力进而带动点击率。精彩的短视频封面分为以下 3 种类型。

1. 以文字为主的封面

① 直接将文字覆盖在视频内容上，做成封面。结合短视频标题和文案，巧用疑问和设问句，提炼视频重点，文字需简洁，适用于知识、商业、科技、咨询等解说类视频，如图 5-11 所示。

图 5-11　以文字为主的封面账号截图（1）

② 固定模板。

第一种：设计一个全屏固定模板，每次更新视频时只需要更换模板中的关键词，这类封面必须足够醒目，居中构图，关键词明显，如图 5-12 所示。

第二种：设计固定标题模板，提炼视频主题并放置在视频内容上，每次更新只需替换模板上的关键词，如图 5-13 所示。

第三种：使用分离遮罩技巧制作封面，多用于影视类、Vlog 类的短视频，在直观展示视频内容的同时可以利用封面吸引用户完成播放。另外，利用这种方式制作的短视频在手机上观看整体版面会缩小，适于电脑端观看，如图5-14 所示。

鹤老师的短视频

图 5-12　以文字为主的封面账号截图（2）

图 5-13　以文字为主的封面账号截图（3）

图 5-14　以文字为主的封面账号截图（4）

2. 以人物为主的封面

以人物为主的封面多用于生活类、剧情类、解说类的才艺展示和剧情表演等。才艺展示本身的特点就是动作或技巧，所以利用才艺动作的截图或动图作为封面最合适（图5-15）。剧情类短视频则不同，根据剧情内容的设计，视频一般有起因、过程和结果，所以剧情类视频的封面一定要能够突出视频内容的重点，如主角的表情、剧情的高潮部分等（图5-16）。

图5-15　抖音博主 @FERN WANG 的账号　　　　图5-16　抖音博主 @ 李蠕蠕的账号

3. 以物为主的封面

以物为主的封面会更多出现在美食类、好物分享类、测评类、数码科技类账号。多以美食制作、好物分享、测评等形式吸引用户点开更多的视频，从而提高视频的播放量和转化率，如图5-17和图5-18所示。

图5-17　美食博主 @ 馋猫日常的账号　　　　图5-18　数码科技博主 @ 柏然的书房的账号

制作封面时需要注意：

① 封面是引诱用户点开视频的关键，所以一定要简洁，突出重点。

② 封面设置时长宜为 1～2 秒, 方便用户了解封面内容。

③ 固定风格, 当用户点开主页时可以清晰根据指引看视频。

④ 字体要醒目, 但字号不能过大, 一般字号低于 24 号。

⑤ 封面内容要简练, 不要超过 15 字符, 文字要居中。

5.5　设置合理的短视频标签

什么是短视频标签? 为什么要设置标签? 标签是短视频平台给账号的一个标记, 可以根据平台大数据的分析进行精确推算, 从而更加精准地将视频推荐给用户, 帮助创作者快速找到目标用户并积累用户。例如, 你的账号定位是一位专业的美妆师, 那么美妆师的标签就应该在账号的每个短视频中得到充分反映。第一阶段讲述 "如何画好一个精致的妆容", 第二阶段讲述 "精致妆容需要注意什么?" 第三阶段讲述 "好的化妆技巧需要哪些工具和产品" 等等。这样一系列的 "美妆" 标签联系在一起, 让人们提到美妆就会第一时间想到你, 你的账号视频内容就会在同样类型的账号中快速传播。

1. 标签数量和字数

短视频标签代表了不同用户群体的分布, 在设置标签时需要与账号的粉丝画像关注点一致。每个标签的字数在 2～4 字, 标签个数控制在 3～5 个之间, 标签太少不利于平台的推送和推广, 标签太多就会没有重点。

2. 标签与账号的关联度要一致

标签的内容要切合视频内容, 这是设置标签的重要前提。一些账号为了得到更多引流, 会给视频添加一些不符合视频内容的标签来吸引更多用户。如果一个萌宠视频贴上了数码科技的标签, 美食制作视频贴上了运动美妆的标签, 那么即使视频内容优质也难以得到平台的推荐, 因此短视频标签内容需要与主题相关联。如财经类视频, 标签内容可以是 # 投资 # 理财 # 基金等, 运动类视频, 标签内容可以设置为 # 健身 # 减脂 # 增肌, 等等。

3. 结合热点热词

在搜索页中查看当天的热门标签, 在发布视频时, 加上合适的热点热词, 可提高平台的推送率。

4. 参与平台的官方话题

各大短视频平台会定期发起话题, 帮助创作者引流, 想要在短视频平台有所发挥, 就要时刻关注平台的动向, 多多参与。

5.6　短视频发布与内容维护

5.6.1　短视频发布

创作者要想吸引更多用户的关注就需要将短视频分享到各种短视频平台和社交平台上。单在一个短视频平台上发布短视频，得到的用户和流量有限。

（1）多个短视频平台同时发布。

将同一个短视频作品同时发布在多个平台，如抖音、快手、Bilibili（哔哩哔哩）、腾讯微视、美拍、秒拍等，尽可能地提高视频和账号的曝光度。也可以将视频发布在同一个公司的不同平台上，如字节跳动的 App 就有抖音、抖音火山版、西瓜视频、今日头条等。

（2）结合社交平台进行推广。

短视频平台众多，其中微博、微信公众号、微信视频号等社交平台的关注度相对较高，可以利用社交平台的高流量，来提高短视频在行业内的人气和关注。如美食博主 @ 李子柒，不仅在各个短视频平台上发布作品，同时在微信公众号、视频号也有分享，且风格和内容均一致，如图 5-19 所示。

图 5-19　博主 @ 李子柒微信公众号、视频号截图

5.6.2　短视频内容维护

（1）转发扩散。

发布视频并不是最后的工作，创作者一定要记得维护自己的视频。可以通过设置"置顶"让粉丝更容易看见你的新作品；也可以通过自己点赞、转发朋友圈、上热门等方式提升视频曝光度，还可以转发到粉丝社群进行扩散和引流。

（2）与粉丝互动。

针对粉丝的评论或者 B 站弹幕，要及时回复、剖析、修改；同时，自己也可以发布有争议的问题引发大家去讨论，利用评论区立人设，增加粉丝黏性，提升视频互动率。

（3）数据复盘。

针对短视频的点赞率、播放量、完播率、评论量等数据进行复盘，分析视频存在的问题，找出解决措施，力争做粉丝喜欢的内容。

（4）完善账号体系。

为了打造垂直度高的账号，必须对老旧视频进行改进，如标题蹭热点，封面更新，修改标签、账号、定位等。例如，做地域性的账号，则可以添加当地定位，提升视频的推荐力度。对于特别不满意的视频可以隐藏，切忌大量删除视频，否则会被平台判定为营销号而限流的。

5.7　短视频推广的注意事项

短视频更新频率稳定有助于账号的发展，能让粉丝定时定期看到你更新的内容。可以每天都更新，也可以隔天更新，或者有规律地每周更新，千万不要出现前几天更新很多，后几天没有产出的现象。

根据各平台的推送规则，短视频的发布时间节点也很重要，在用户活跃高峰期内发布视频，效果明显比普通时间发布更好。根据每个行业领域中用户群体不同，粉丝的活跃程度和活跃时间也有所差异。

工作日大致可分为 5 个时间节点。

（1）6 点至 9 点：上班高峰期，人们一般在洗漱或在地铁、公交上，此时适合发布励志类、健身类、新闻热点类视频。

（2）11 点至 14 点：吃饭午休期，人们结束了一上午的工作，此时正需要休息娱乐放松，适合发布搞笑类、吐槽类、生活类、萌宠类、剧情类等视频。

（3）16 点至 18 点：这个时间主要针对上班族，一天的工作基本处理完，利用短暂的下午茶时间观看短视频放松一下，适合发布美妆类、科技数码类、财经类、游戏类和测评类等视频。

（4）18 点至 22 点：一天的工作基本结束，此时是用户活跃度最高的时间，适合发布所有类别的作品。

⑤21点至凌晨2点：此时间段属于忧郁饥饿时间，适合发布心灵鸡汤类、情感类、美食类、音乐类、助眠类视频。

周末与节假日也尤其重要，活跃的用户量激增，意味着有更多的人在不同的时间看到你的视频，所以在周末和节假日时间可以多发布作品。

📖 |课后习题|

一、选择题

1. 以"记录美好生活"为标语短视频平台是（　　　　）。

A. 抖音　　　　　　B. 哔哩哔哩　　　　　　C. 快手　　　　　　D. 美拍

2. 以二次元文化为主的短视频平台是（　　　　）。

A. 快手　　　　　　B. 激萌小视频　　　　　　C. 抖音　　　　　　D. 哔哩哔哩

3. 拟定吸睛的短视频标题是吸粉的重要手段，以下哪种方式需要客观真实的数据？（　　　　）

A. 制造悬念激发用户好奇心　　　　　　B. 巧用数字和数据

C. 设置疑问或反问引发互动　　　　　　D. 调动情感与用户产生共鸣

4. 文案是短视频推广的重要内容，动人的文案需要（　　　　）。

A. 研究受众，确定目标用户的需求和痛点　　　B. 用户思维，与用户关联，激发互动

C. 结合场景，增加说服力　　　　　　D. 设计悬念，增加传播度

5. 以人物为主的封面一般应用于（　　　　）类型的短视频。

A. 解说类　　　　　B. 美食类　　　　　C.Vlog情景类　　　　　D. 测评类

二、填空题

1. 快手诞生于2011年，前身是_____，是用于制作和分享GIF动图的App。

2. 抖音火山版前身为_____，是由今日头条（字节跳动）孵化的产品，旨在打造一个15秒原创生活式视频社区。

3. 拟定标题时，_____类标题一般以"亲情、爱情、友情"的内容出现，标题中加入渲染情感的字词来调动用户情绪，让用户觉得你与他有相同的价值观；_____类标题需要讲一半留一半，让用户期待视频的内容，猜测视频下面的故事将如何进展。

4. 在短视频封面设置中，封面时长一般为_____秒。_____的封面多用于生活类、剧情类、解说类的才艺展示和剧情表演；_____的封面会更多出现在美食类、分享或测评类、数码科技类账号。

5. 注意短视频发布的时间节点，一般_____点钟适合发布励志类、健身类、新闻热点类视频；_____点钟适合发布搞笑类、吐槽类、生活类、萌宠类、剧情类等视频；_____点钟适合发布所有类别的作品。

📖 |任务实训|

1. 根据你策划的短视频账号，设计标题、文案和封面。

2. 根据账号属性和内容，在合适的时间定期发布视频。

Duanshipin Chuangzuo yu Yunying（Cehua、Paishe、Jianji、Tuiguang）

第六章

口播类短视频

本章特色

知识学习：本章的主要内容包括口播类短视频的方案策划、素材拍摄、视频剪辑与推广。其中，方案策划部分主要讲述口播类短视频的选题和文案写作；素材拍摄部分侧重口播类短视频的拍摄方法和注意事项，视频剪辑与推广部分讲述了移动端和电脑端软件的剪辑技巧，为初学者提供更多的选择。

技能提升：学习本章以后，初学者能轻松掌握口播类短视频的选题方法和文案写作技巧，了解口播类短视频常用的几种拍摄机位，选择性地掌握移动端和电脑端的剪辑方法，根据实训任务要求，完成口播类短视频创作与推广。

素质养成：本章实训要求创作者要有坚定的社会主义信念，有正确的人生观和价值观，能够给观众带来正能量。此外，口播类短视频还要求创作者有一定的信息敏感度，能够做到因时而新、因时而异，通过项目任务，提升团队的协作意识和信息素养。

什么是口播？官方给出的解释是，电视播音员在进行图像播报新闻的播音活动。比如大家所熟悉的《新闻联播》就是最典型的口播形式（图6-1）。

图6-1　新闻联播

那么在自媒体时代，什么是口播呢？从广义的角度而言，只要是在短视频中需要本人的声音，泛指"口播"，口播类短视频也可以称为口述视频。

口述视频，又分真人出镜、非真人出镜和半真人出镜。在自媒体时代，无论你是做中视频、短视频还是长视频，只要是需要你自己真实的声音出镜的，且不论本人是否出镜，都是这里所讲的"口播"。

刚接触短视频的初学者认为，口播类短视频简单、成本低，变现也容易，但是当自己真正涉足这个赛道的时候，却发现一切并没有想象的那么轻松。当自己拍好视频后，发现画面很单调，人物不自然，数据也不漂亮，诸如此类。其实口播远没有你所认为的那么好操作，它的隐形需求还是比较高的，不仅对文案内容有要求，还要求人物状态、拍摄场景、表情动作统统恰到好处，这样才能够给观众一种比较好的观感。

IP"四季妈妈—小龙",将已婚女性对丈夫的怨气表演得淋漓尽致(图6-2)。

IP"沈一只",让你有一种知心小姐姐就坐在你面前,跟你讲肺腑之言的感觉(图6-3)。

IP"鹤老师",分享深度的经济知识(图6-4)。

图6-2　IP"四季妈妈 – 小龙"

图6-3　IP"沈一只"

图6-4　IP"鹤老师"

其实这些视频只是新媒体平台中口播类短视频的冰山一角,但是这些创作者做的不单单是把内容传达给观众那么简单,他们的视频,更像是一场完整的演出——有情绪、有表情、有肢体动作,所以观众才有代入感,才会有共鸣。

6.1　口播类短视频策划

6.1.1　口播类短视频分类

那么口播类短视频分哪几种常见形式?分别具备哪些条件?哪一种适合你呢?笔者分析了几百个口播类型的账号,总结出四种类型。

① 采访类,俗称问答类。就是一个人负责问,另外一个人负责答。采访类短视频的好处就是模仿了用户最熟悉的场景,我们以前看过的新闻纪录片就是这种类型。用户在潜意识里是有好奇心的,对人设而言也增强了互动性,表述的时候是有对象表达感的,这样会更自然。

② 演说类。这种形式就是直接布置一个演讲的场景,把参加线下会议的精彩环节节选出来分享,课堂就是这种形式。这种大会分享,既能够让用户感受到你的专业水平,也能够激发用

户想看的欲望，生怕自己错过什么。

③ 教学类。这种形式是以授课、科普的形式来进行的，比如直接布置一个讲台，也可以坐在电脑前、电视机前或办公室内，也可以搭建一个手写板的背景，然后比较正经地跟大家分享。这样的口播形式，会让观者感受到你的专业水平，增加可信度。

④ 自拍类。这种形式是比较常见的，比如"新闻姐"发布的短视频大多属于这类。以第一视角的方式去拍摄，没有故意摆拍的距离感，以直播或视频聊天的方式来阐述自己的观点，表达得越真实，越有立场，观者才越有认同感。

那么要如何选择适合自己的形式制作口播类短视频呢？

6.1.2　口播类短视频策划方法

1. 口播类短视频如何选题？

（1）结合行业热点：结合时事表达自己的观点和看法，见解独到，一针见血。

（2）演绎经典：对经典的电影或者典故进行重新演绎，表演的时候要求有特色，能够激起粉丝的兴趣或乐趣。

（3）答疑解惑：针对大家比较关心的内容可以进行客观、有逻辑性的分析讲解，让人豁然开朗。

无论选择哪一种，都需要在视频的开端把视频中最突出、最惊喜、最容易引发用户兴趣的内容放在最前面，激发用户继续观看。

根据短视频前三秒钟法则，如果前三秒抓不住用户的心，你的视频往往就会被划走。此时可以跟用户进行互动挽留，比如"等一下""别划走"。同时也要适时进行吸引，如"今天跟大家分享短视频快速变现的三种方法，第三种你一定要了解……"等。

2. 口播类短视频文案如何写？

中国文化博大精深，同样一句话，不同的组合方式则会产生不同的听觉效应。针对口播类短视频文案的撰写方法，笔者跟大家分享一个非常简单且立竿见影的口播文案写作公式，也是笔者亲测有效的撰写模式。同样写一篇文案，只要套用这个公式，你的播放量能提升数倍。

我们把这个公式称为"1+3+N 连环钩"文案模型。简言之，就是 1 个开场的叫停钩 +3 个强钩子 +N 个小钩子 + 干货的排列组合。写文案策划本身就是非常烧脑的过程，掌握了这个万能公式，便可实现事半功倍的效果。

下面我们来"听"一段 10 秒的文案，同时想象视频中的画面。如"掌握我这个方法，背书效率将成倍提高，读两遍三遍就能达到背诵的效果了，我把它称为五遍记忆法，实践证明效果称奇，适合每一位学生"。当你"看"完这个视频，是不是觉得视频很平淡？那么套用我们的万能公式，我们看一下如何见证奇迹。

接下来，笔者分四步去改编这个文案。

第一步，选取一个叫停钩，如"两分钟教你背书速度提高一倍的方法"。

第二步，选取一个"人设钩子"和"背书钩子"放在文案的第二句。"在我当高三班主任期间，我就是用这一系列的方法，仅仅用了半年时间就把一个年级倒数第一的班级，变成正数第一，全班 52 名学生，考上一本的有 39 人。"

第三步，选取一个"递进式的承诺钩子"，作为第三句。"今天，我跟大家分享我在教学实践中的第一个方法,快速提高学生背书的速度,我把它称为五遍记忆法则,不用熬夜,谁都可以做到。"

第四步,选取一个"论证式承诺钩子",放在第四句。"在我看来,孩子之间的记忆力并没有太大的差异,那些所谓记忆力好的学生呢,只是因为他们掌握了正确的方法而已,掌握了我说的这个方法,你也可以。"

原本平淡无奇的文案策划,经过重新排列组合之后,请问,这个视频你还愿意划走吗?

以上这个视频,就是在校生为本系的语文老师做的口播账号。

6.1.3　口播类短视频策划注意事项

那么把口播类视频做好只有文案最重要吗?诚然,不是的,除文案的内容以外,还有文字信息的强调与表达,语言表述要有代入感。你若不信,可以拿出同样一段文案,跟行业大咖 PK 一下。我相信整体的表现力而言,行业大咖肯定更胜一筹。如何表达一段文案,让别人更爱听,这里笔者教大家一招,就是重音。你会发现那些没有什么表现力的博主,说话基本都是一个音调,没有什么节奏感,没有任何的重点,所以,口播类的短视频在语言表述上切忌平铺直叙。

"请你放心,一定没问题",就这一句简单的话,大家尝试用平调和不同重音表达出来。你会发现,把重音放在不同的文字上,所表达的情感是不尽相同的,而能够驾驭这种语句的重音,对于做好口播类短视频是极其重要的。大家在课上可尝试编写一段文案,一起体验一下这种重音的游戏,从而得到灵感。

6.2　口播类短视频拍摄

6.2.1　口播短视频拍摄方法

口播短视频拍摄方法主要有以下几种。

① 固定机位,即选择三脚架、独脚架将手机、数码单反或微单固定进行拍摄的一种方式,如图 6-5 所示。一般适用于新闻拍摄、演说类型。

② 手持机位,即选择手持稳定期边走边拍的一种拍摄方式(图 6-6),而这种方式一般是使用便携手机稳定期 + 手机的配置,也可以选择数码单反相机 + 稳定器这种更专业的配置。当然手持相机会耗费较大体力,而使用智能手机拍摄较为轻便。一般适用于介绍类口播短视频。

③ 跟随机位,这种拍摄相对于前两种方式而言,制作成本较高,团队协同作战能力要求较高。即博主一边走一边解说,前方会有一名摄像师进行倒退或者前进跟随式运镜的拍摄,如图 6-7 所示。一般用于采访类口播短视频。

图 6-5　固定机位

图 6-6　手持机位

图 6-7　跟随机位

如果对画质要求非常高，一般选择数码单反或微单，同时配以提词器。如果对画质要求没有那么高，则可以选择使用三脚架 + 手机的组合，拍摄成本较低。许多新入门的女性博主会选择这样的组合，不仅成本低廉、操作方便，一个人就可以轻松搞定，而且手机强大的美颜功能可以让画面中的"你"更具备竞争优势。笔者一般推荐"美颜相机"和"轻颜相机"两款 App。

接下来笔者就手把手地教大家如何用一部手机轻松完成口播类短视频的拍摄。在这里我们选择的是美颜相机。

首先打开手机"美颜相机"，点击"视频"拍摄选项。

点击"滤镜"，选择适合自己风格和主题的滤镜进行参数的调节。

选择"美妆"，微调五官，再根据平台对成品的需求而选择适当的比例及横竖屏模式。

点开"提词器"，将口播文案复制到提词器面板，根据口播速度选择适合的播放速度及文字大小。

选择"录制"开始录制视频。

6.2.2　口播短视频录制中注意事项

所谓"眼睛是心灵的窗口"，很多主播在刚开始利用提词器时，经常会出现眼神飘忽不定的情况，笔者在跟踪大量的主播后发现，在提词器面板中，文案的字符过小，即每行字数过多，一般会出现眼神从左至右游走的情况，这对整体视频效果而言是相当减分的。

美颜 App 会在极大程度上让自己在画面中显得可盐可甜，但是笔者善意地提醒大家，在美

颜的过程中，一定要注意"火候"，尽量不要把自己美得改变原本的轮廓，即，美颜属于"微整"，而非易容。

　　口播的背景切勿杂乱，一定要选择干净、整洁的背景，这样人物会更加突出。如果有绿植或台灯作为场景的点缀，效果就会显得更好。

　　口播一般选择在室内拍摄，所以灯光是所有注意事项中，笔者认为最重要的。短视频平台对于画质的要求越来越高，尽量录制高清视频，大家在拍摄中，如果环境光不够明亮，那就要用LED灯、补光棒等附件作为辅助光源。手机相机多为智能拍摄模式，如果环境光线不足，相机就会强行通过感光度ISO来提高曝光，而学过摄影的朋友一定清楚，高感光必然造成画质变差，所以要拍摄清晰的视频，必须保证低感光度。

　　口播对博主的声音要求较高，一定要录制辨识度较高的音频，故要充分保证环境尽量安静，没有噪声。同时，手机自带耳机或目前各博主使用的专业收音麦等设备都是不错的选择。

6.3　口播类短视频剪辑

　　相对于其他类目的短视频，口播类短视频是相对比较好上手且容易出片的中。如果你前期录制得非常到位，那或许都省了"剪"的过程，但是毕竟这是少数，我们还是要顾及大众的水平。接下来，笔者就手把地带你剪辑一段口播类短视频。

6.3.1　移动端剪辑技巧

　　第一步，打开剪映手机端App，点击"开始创作"，导入录制好的视频素材。选中"视频轨道"，点击"音频分离"，音频分离后，再选择"降噪"，将降噪选项设置为开启状态。

　　第二步，在前期录制视频的过程中，由于每段素材不会无缝衔接，因此我们要对每段镜头素材逐一进行检查，将不需要的镜头予以删除。如果前期只录制了一条从始至终的素材，那么也要将中间卡顿的片段删除。具体操作是将视频作为选区，然后将时间轨道上的分割线拉至需要截取的位置，点击"分割"即可。

　　第三步，添加字幕。选择"文本"|"识别字幕"|"全部"，开始识别。此时识别的文本内容的字号、字体都是默认格式的，点击"编辑"，根据需求更改字体、样式、模板、动画等。同时再逐句查看，检测是否有识别错误的内容。在这个环节中，大家可以选择"批量编辑"，对全部文本内容进行更改。在画面中，若想对某一重点内容进行重点提示，可以点击"新建文本"，此时画面中会出现新的文字框，并可对此文本进行字体、样式、模板、花字等设置。

6.3.2　电脑端剪辑技巧

　　下面以"新闻姐"的口播视频为例讲解电脑端剪辑技巧。

（1）新建项目：打开 Premiere Pro CC，新建项目，选择储存位置，更改项目名称，如图 6-8 所示。

（2）新建序列：设置竖屏帧大小，将比例设置为 9∶16，选择 1080*1920、29.97 帧 / 秒即可，重命名序列名称。设置参数如图 6-9 所示。

（3）导入：导入素材并将其拖入轨道，确保素材在轨道起始位置，如果是多段素材，素材之间必须紧密衔接，不可留有黑场，如图 6-10 所示。

（4）粗剪：用剃刀工具减去素材前后多余的部分，取消音频与视频之间链接，如图 6-11 所示。

（5）颜色：编辑 Lumetri 颜色，微调颜色参数，包括亮度、色相、饱和度，如图 6-12 所示。如果拍摄素材光线较好，未出现偏色、曝光等问题，此步骤可以忽略。

（6）音频：编辑音频增益，调整音量，确保音量大小合适，如图 6-13 所示。此外，还要根据口播内容选择适当的音效和背景乐，渲染视听氛围。一般情况，口播类短视频不适合选用节奏感较强的背景乐，而且背景乐的音量也要与主播人声相匹配，通常在博主说话的时候，背景乐的音量要低于人声的音量，以确保口播内容能够清晰地传达。

（7）字幕：选择"旧版标题"，分批输入口播的内容文字，设置好字体、字号等样式，如图 6-14 所示。将文字素材拖入轨道，调整文字出现的时间长度，将文字素材起始时间与主播人声进行对齐匹配。

图 6-8　新建项目

图 6-9　新建序列

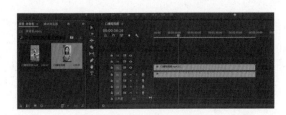

图 6-10　导入素材

图 6-11　取消链接

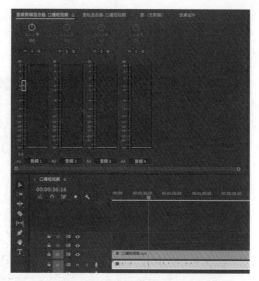

图 6-12　调整颜色　　　　　　　　　　图 6-13　调整音频

图 6-14　设置字幕

（8）封面：利用 Photoshop 设计一个静态封面，也可以利用 PR 制作视频封面。利用拍照工具截取一个代表性的封面图导入轨道，输入标题，在色彩搭配和排版上做相应调整，如果需要动态标题，可以给标题文字添加视频效果，使之动态化，如图 6-15 所示。

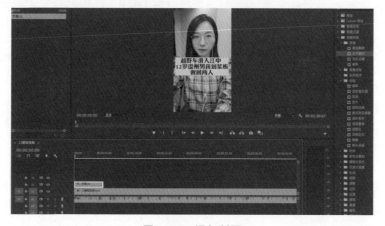

图 6-15　添加封面

（9）输出：导出媒体文件，格式可以选择 H.264，更改储存位置，如果需要可以重命名文件，检查文件尺寸和帧速率，调整比特率，点击"渲染"，等待输出，如图 6-16 所示。

注：比特率值越高画质越好，但视频体积越大；比特率越低画质越模糊，视频体积越小。

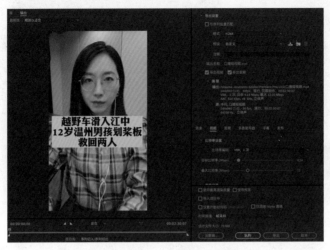

新闻姐的
口播视频

图 6-16　输出文件

6.4　口播类短视频推广

口播类短视频常用的推广平台有抖音、快手、视频号、小红书等。在推广运营的过程中，博主可以选择免费的推广形式，也可以根据自身情况选择付费的推广形式。

（1）免费推广：一是可以利用视频号中朋友圈点赞、转发来推广；二是利用公众号，在文章里面加入自己的视频号或者抖音号，提升视频曝光率；三是利用抖音的点赞、评论、关注、转发等功能提升流量。

（2）付费推广：可以利用媒体平台的付费推广功能，选择一站式的"智能推广"，也可以根据用户画像的年龄、地区进行定向推广。如抖音开屏广告、信息流广告等，一般适合大品牌商业广告选用，不建议新手博主使用。

🖎 |课后习题|

选择题

1.账号"鹤老师"属于哪一类口播短视频？（　　　　）

A.自拍类　　　　　B.教学类　　　　　　　C.采访类　　　　　　　D.演说类

2. 口播类短视频策划中"1+3+N 连环钩"是指(　　　)。

A.1 个叫停钩 +3 个强钩子 +N 个小钩子 + 干货的排列组合

B.1 个强钩子 +3 个叫停钩 +N 个小钩子 + 干货的排列组合

C.1 个强钩子 +3 个小钩子 +N 个叫停钩 + 干货的排列组合

D.1 个叫停钩 +3 个小钩子 +N 个叫停钩 + 干货的排列组合

3. 口播类短视频重要的内容包括(　　　)。

　A. 文案写作　　　　　B. 重音表达　　　　　　　C. 语言速度　　　　　　D. 音色音量

4. 常见的口播类短视频拍摄方法包括(　　　)。

　A. 固定机位　　　　　B. 手持机位　　　　　　　C. 跟随机位　　　　　　D. 移动机位

5. 口播类短视频常用的拍摄设备有(　　　)。

　A. 数码相机　　　　　B. 智能手机　　　　　　　C. 稳定器　　　　　　　D. 三脚架

任务实训

请以"疫情防控"时事热点为主题,以小组为创作团体,策划一个口播类短视频方案,完成中期拍摄、后期剪辑,并选择合适的时间段和媒体平台进行推广。

要求:文案要体现正能量,表述要有代入感,画质清晰。

时长:1 分钟左右。

尺寸:竖屏 9∶16。

帧速率:25 fps。

格式:mp4。

音频:48 kHz。

平台:多平台推广。

Duanshipin Chuangzuo yu Yunying（Cehua、Paishe、Jianji、Tuiguang）

第七章

商品广告类短视频

知识学习：本章以电商主图视频为例，讲述了商品广告类短视频的前期方案策划、中期拍摄和后期制作、推广的方法和技巧，内容翔实，简洁明了，适合初学者学习。

技能提升：学习本章以后，创作者能懂得商品广告方案策划的前期准备与策划流程，了解中期拍摄的设施筹备与不同镜头的拍摄方法，掌握后期素材剪辑的技巧。能根据实训任务要求，完成电商主图短视频的创作与推广。

素质养成：本章按照实训流程与内容要求，在商品广告类短视频创作的前期，重在培养学习者脚踏实地、埋头实干的劳动精神；在短视频创作的中期与后期，提升学习者不怕苦不怕累、精益求精的工匠精神和创作团队的团队协作意识。

　　商品广告类短视频是针对用户痛点，以品牌露出、剧情植入等形式介绍产品卖点的一种广告形式。2017年淘宝引入主页主图视频，从此，国内各大电商平台纷纷引入短视频，到如今，电商短视频已经成为商品页的标配。本章内容以"Rinne"品牌童鞋主图视频为例进行内容讲解，如图7-1所示。

图7-1　鞋品短片成片截图

　　对于童鞋广告来说，其目标客户群大多是宝妈，她们最关心的就是产品的质量、做工，清晰准确地介绍鞋品的特点是商家最关心的问题。此项目恰逢"双十一"，商家希望借助短视频的展示优势，全方位展示该鞋品的特点，以此促进销售。此项目就是在这样的需求背景下创作完成的。

7.1　商品广告类短视频策划

7.1.1　项目背景

　　"Rinne"品牌是立足广州畅销全国的童鞋品牌，针对"双十一"的促销活动，需要制作每款鞋品的主图短视频。本鞋品的用户群是儿童，商家希望在展示鞋品本身的材料、质地、舒适度等的基础上，还要让画面显得活泼可爱，让目标客户一看就能够产生兴趣。在此背景下，制作团队开始进行相关的调研活动，并形成策划与制作方案。

7.1.2　调研结果与方案的形成

通过对同类产品主图短视频的调研,制作团队发现此类短视频有以下特点。在形式上,短视频主要有两类:一是口播＋展示型;二是展示＋字幕说明＋背景音乐型。在视频时长方面,从 10 秒到 40 秒不等。在展示创意方面,绝大部分的视频都是直接提供货品样貌或者介绍使用效果等,少有创意展示的思考。尺寸方面,由于淘宝官方要求的是方形尺寸,因此展示出来的效果也有两种,一是方形满屏尺寸,二是左右或上下有黑边。

针对以上状况,制作团队提出了"定格动画＋特点展示＋说明字幕＋背景音乐"的制作方案,画面最终呈现为上下有黑边的方形效果。定格动画的创意如下:通过鞋品位置的一点点移动,形成儿童学步的效果,而在操作中又加入鞋子之间拟人化的互动动作(比如鞋品之间的躲闪和排队),形成视频的趣味性,激发观者的兴趣;在此基础上,再进入鞋品特点的展示。

7.1.3　方案细化与审核

通过以上的调研和策划,制作团队形成了制作方案,跟商家沟通之后,商家表示可以执行,策划方案进入细化阶段。

商家希望展示的方面主要有鞋品的整体造型、面料、花色、工艺以及内部材料等,因此策划人员针对以上内容逐一进行镜头的设计,再细化拍摄方案。形成的文字经商家审核同意之后,项目进行到执行阶段。

7.2　商品广告类短视频拍摄

7.2.1　设备准备

在策划阶段,执行人员已经对鞋品做了相对细致的了解。据此得出以下拍摄规划:景别方面主要是鞋品的全景和局部特写;定格动画需要进行系列照片的拍摄;需要表现出鞋品用料和工艺的质感。

明确拍摄目的之后,设备的准备就显得相对简单了,我们准备了一机双镜一套灯:佳能 6D Mark2 相机一台,佳能 EF 24–70mm f/2.8L II USM 镜头一只,佳能 EF 100mm f/2.8L IS USM 镜头一只,金贝(JINBEI)补光灯 EF–150PRO LED 长亮三灯一套。

7.2.2　拍摄过程

1. 灯光架设与拍摄准备

商家要求的表现重点是鞋品的材料和工艺的质感,因此灯光处理是关键。经过现场测试,

采用左侧主光 + 右侧辅光 + 顶部补光的方式进行布光是比较合理的方案,如图 7-2 所示。图 7-3 是布光完成后拍摄的效果样。

灯光布置完成后,除了必要的亮度调整之外,基本就不再做位置的调整了。

图 7-2　拍摄光位示意图

图 7-3　布光完成后拍摄的效果样

2. 定格动画的拍摄

拍摄定格动画采用的是手动调节鞋品位置,动一步拍一张的形式进行的。按照策划方案,每个短片以 3 秒长度的定格动画开篇,按照帧频 25 帧 / 秒的方式计算,制作团队预计每款鞋品的拍摄张数是 75 张。考虑到后期的制作空间,采用最大的照片尺寸 5472*3648 进行拍摄(图 7-4)。后期制作时,只需以序列图片的形式导入即可形成视频。

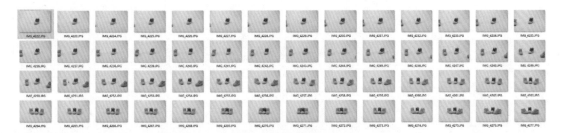

图 7-4　鞋品定格动画拍摄的部分照片截图

3. 场景连接镜头的拍摄

鞋品特点展示是通过店铺人员对鞋品各部件进行摩挲、揉捏等操作来表现的。从定格动画场景到展示场景,在画面上是一个从"无人干预"到"有人干预"的转变。为了不显得突兀,有必要考虑场景的连接问题。

通过定格动画画面的整体缩放之后与第一个展示镜头的画面进行重合达到连接顺畅的目的。之后就是人员的手部进入画面拿起鞋品,进行展示,如图 7-5 所示。

(左为定格动画拍摄的照片原貌,中为第一个展示镜头,右为人员的手部进入画面)

图 7-5　场景连接镜头的处理

4. 展示镜头的拍摄

展示镜头主要分为两种，一是鞋品全景镜头，此类镜头需要处理好灯光和构图之后采用 24~70 mm 镜头进行拍摄（图 7-6）；二是特写镜头，此类镜头需要得到非常近距离观察的效果，因此采用 100 mm 的微距镜头进行拍摄（图 7-7）。特写镜头需要运用移镜头的运镜方式来表现运动展示效果。此外，拍摄特写镜头的时候，需要适当缩小光圈，提高快门速度，以便得到相对锐利的画面效果。

 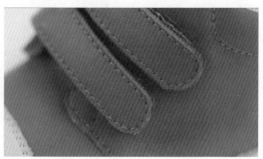

图 7-6　鞋品全景展示镜头拍摄效果　　　　图 7-7　鞋品特写展示拍摄效果

7.3　商品广告类短视频剪辑

7.3.1　软件准备

（1）Premiere Pro 2021：主要的剪辑软件，核心的剪辑、调色、加字幕等工作都在其中完成。以下简称 PR。

（2）After Effects 2019：负责片尾的标志演绎动画制作。以下简称 AE。

（3）QuickTime 视频播放器：PR 需要导入".mov"格式的素材，因此必须安装 QuickTime播放器。

（4）插件准备与安装：安装 Magic Bullet Suite 插件组，尤其是其中的 Looks 插件，用于对视频素材进行调色操作。以下简称 Looks。安装操作见视频教程。

7.3.2　粗剪阶段

粗剪阶段需要达到的目标是剪辑出与策划方案内容相符的样片，并提供给商家进行内容审核。商家审核无误后，再进入下一步的精剪操作。

1. 新建工程

（1）文件管理的准备。

进行一个项目的剪辑之前，文件管理至关重要，在制作过程中，一方面可以节约时间，另一方面方便同事随时接手剪辑工作。

事实上，这一步文件管理，就是建立实际需要的一系列文件夹，以备后续操作过程中将相应的文件进行归类整理。比如实拍的视频素材都应该放置到"实拍素材"文件夹中，诸如此类。

图 7-8 所示是视频制作初期建立的项目管理文件夹。

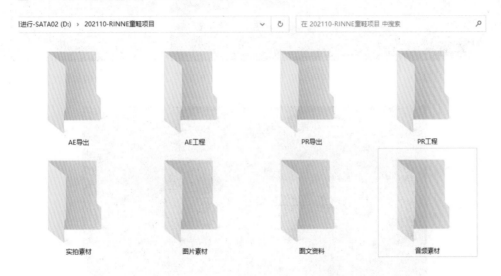

图 7-8　项目初期建立的文件管理截图

（2）复制相关文件，粘贴到对应的文件夹中，如图 7-9 和图 7-10 所示。

图 7-9　实拍的序列照片复制到文件夹后的截图　　图 7-10　实拍的视频复制到文件夹后的截图

（3）启动 PR 软件，在主页界面点击"新建项目"按钮，如图 7-11 所示。在弹出的对话框中，填写相关项目信息，并保存到上一步建立的"PR 工程"文件夹中，如图 7-12 所示。新建工程完成。

2. 导入素材

（1）PR 界面定制。

PR 的工作面板是可以通过拖拽面板的方式进行个性化定制的，制作人员在剪辑工作中可以随时进行工作界面的调整。图 7-13 所示是本次剪辑操作之前，制作人员定制的操作界面。

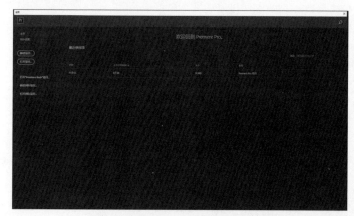

图 7-11　PR2019 启动后的主页窗口　　　　图 7-12　新建项目的内容设置截图

图 7-13　PR 工作界面的定制

②导入素材。

导入视频素材：双击项目窗口的空白处，弹出"导入"对话框，选择"实拍素材"文件夹，并单击右下角的"导入文件夹"按钮（图7-14），即可将实拍得到的所有视频素材导入项目窗口中。

导入序列照片：同样双击项目窗口的空白处，弹出"导入"对话框，选择"序列照片"文件夹中的第一张照片，然后会看到左下方"图像序列"的选项得到了激活（图7-15），勾选上后再单击"打开"按钮，即可看到项目窗口中有了一个图片素材。但是事实上，它已经是一个动态的序列素材了，可以当作视频素材来使用。

图 7-14　PR 中素材文件夹的导入　　　　图 7-15　PR 中序列照片素材的导入

导入操作既可以单独导入独立的素材,也可以导入整体文件夹。图片、音频、视频等类型的操作类似,不再赘述。

(3)建立剪辑序列。

双击项目窗口中的"实拍素材"文件夹,即可打开视频素材的预览文件夹窗口,拖动第一个视频素材(或随意拖放一个素材,编辑的时候可以删除)到"时间轴(无序列)"窗口,即可得到基于该素材参数的一个工作序列,如图 7-16 所示。

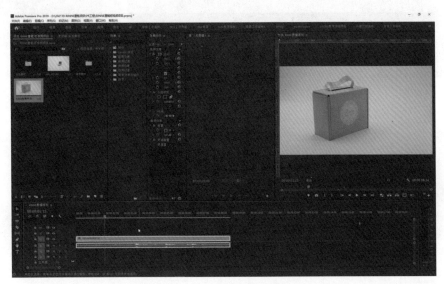

图 7-16　PR 中建立工作序列

单击项目窗口中刚才建立的序列的名称,即可进行名称的修改,此处改为"RINNE 剪辑序列",并拖放到最外层的项目窗口中。

3. 剪辑素材

(1)内容片段选取。

序列建立好了之后,即可进行剪辑操作。这一步的剪辑工作主要是挑选出符合要求的画面片段,生成初步的样片,给商家确认内容是否符合要求。

本片基本可以分为五个段落,第一段是序列照片生成的定格动画;第二段是鞋品的外观展示;第三段是鞋品的用料与工艺特写展示;第四段是鞋品的外包装展示;第五段是片尾的 Logo 落版。

剪辑的具体操作见配套视频教程。

根据以上的思路,剪辑完成后得到如图 7-17 所示工作序列。

(2)画面节奏处理。

由于短视频的时长有限,商家希望在 30 秒内把所有内容完整呈现,而实际拍摄的操作又显得较慢,因此有必要对画面速度进行处理。

除第一部分的定格动画部分不做改变之外,此处将其他所有片段都设置成 250% 的倍速播放。操作方法是选中序列上的所有视频片段,按 CTRL+R 快捷键,打开如图 7-18 所示"剪辑速度 / 持续时间"对话框,修改参数"速度"为 250%,然后在序列窗口把空白区域删除,让素材之间无缝连接,如图 7-19 所示。

图 7-17　在 PR 中建立工作序列　　　　　图 7-18　"剪辑速度 / 持续
时间"对话框

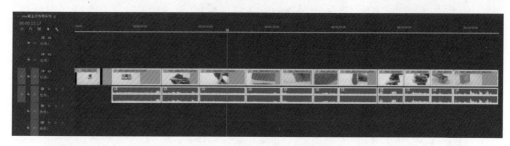

图 7-19　调整速度参数后的序列

4. 处理音频

本视频的目的是展示鞋品的外观与质地，并不需要现场的声音，因此有必要对音频进行处理。需要处理的有两个方面：一是现场声音的消除；二是背景音乐的添加与衔接。

（1）消除现场声音的核心操作：按住 Alt 键，选中序列上所有视频片段的音频部分，删除即可。

（2）添加与衔接背景音乐的核心操作：拖放音乐到轨道之后，截取合适的部分保留，不合适的部分剪切掉。为了让音乐的进入与消失自然顺畅，须在音乐的截断处添加转场特效。PR 默认的音频转场特效为"恒定功率"，对应的快捷键为 Ctrl+Shift+D。

剪辑得到的序列如图 7-20 所示，具体操作见视频教程。

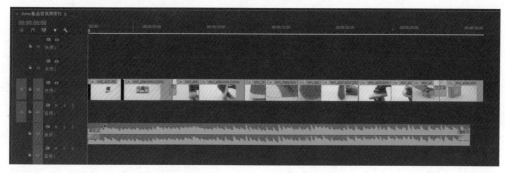

图 7-20　处理音频后的序列

5. 添加字幕

商家希望很明晰地表现产品的信息点,在展示画面的同时,配以相应的文字说明,因此需要将相关的字幕叠加到画面上(图 7-21)。对此,商家提供了一定的信息资料。经过双方沟通与测试,确定了字幕样式的方案。

字幕文字采用主标题与副标题形式,使用幼圆字体。考虑到画面的清晰度与分辨率,当画面比较暗时,字幕显示为白色;当画面比较亮时,字幕显示为黑色。具体操作见视频教程。字幕位置视画面的留白处而定,确定下来的字幕形式如图 7-22 所示。

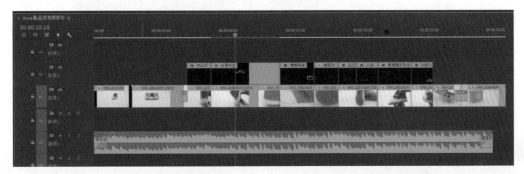

图 7-21 添加字幕后的序列

图 7-22 添加字幕后的画面效果

6. 样片输出

经过以上操作之后,粗剪阶段的短片就可以渲染导出了。一般说来,给商家的样片,要加上"待审样片"之类的水印,用 PR 内置的字幕功能添加"待审样片"的字幕,置于全片画面之上即可。此处为了不影响教材的演示效果,没有添加水印。

样片导出的操作方法:按下快捷键 Ctrl+M,打开"导出设置"对话框,设置相关参数,如图 7-23 所示。

7.3.3 精剪阶段

粗剪片给商家审核之后,商家会提出一些要求,针对商家的要求做进一步的修改,这就是精剪阶段。商家对本片主要提出了两个要求,一是部分特写镜头有更近一点的画面就最好了;二是需要加上品牌标志作为片尾的定版。

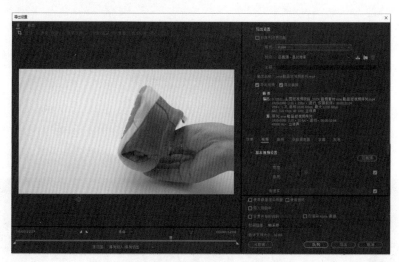

图 7-23 "导出设置"对话框

1. 画面调整

前期拍摄与后期制作总是会有一定的执行偏差的，前期工作没有做到位的地方，只能靠后期去调整修正。比如部分特写画面的特写程度不够，定格动画拍摄时长不够等。

本案例中就有部分画面的特写程度不够的问题。比如展示鞋品内料的镜头，由于景别不够近，因此在后期阶段，只好做放大处理。

画面放大的操作在"效果控件"选项卡中进行。另外，放大画面必然造成画质的损失，必须适度。此处针对画面的实际效果，对该镜头做了 140% 缩放（图 7-24）。这已经是保障单反相机画质的极限了。图 7-25 所示是画面调整前后的对比。

图 7-24 在"效果控件"选项卡中设置画面缩放

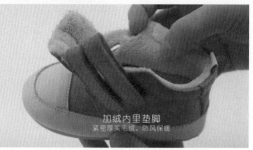

图 7-25 画面调整前后对比效果

操作过程中，还有必要考虑其他镜头的画面构图，可能涉及位置、大小等参数的调整等。具体操作见视频教程。

2. 片尾制作

商家要求在片尾加上品牌标志的定版画面,制作人员决定采用 AE 软件来制作。一开始设想了一些动效,不过最终商家选择了用透明度的改变来表现。核心操作步骤如下。

(1)在 AE 中以合成的方式导入客户提供的品牌 Logo 的 psd 文档,如图 7-26 和图 7-27 所示。

图 7-26　在 AE 中导入 Logo　　　　图 7-27　以合成方式导入 psd 文件

(2)双击打开生成的"logo-1080P"合成文档,合成时长为 600,即 6 秒。如果合成时长不足 6 秒,则可以按 Ctrl+K 进行合成相关参数的设置,如图 7-28 所示。按 Ctrl+Y,新建一个白色的纯色层(图 7-29),并将白色图层放置在 Logo 图层的下方。

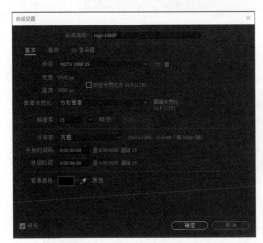

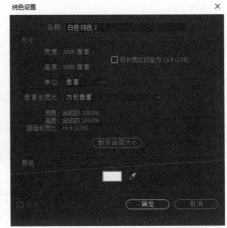

图 7-28　在 AE 中设置合成相关参数　　　图 7-29　在 AE 中新建纯色层

(3)对标志图形图层添加 AE 自带的特效,选择"效果"|"过渡"|"块溶解",进行关键帧制作就可以实现想要的效果。

(4)选择"logo-1080P"合成中的"图层 1"(图 7-30),按快捷键 T,调出不透明度属性,在第一帧位置将不透明度设置为 0,1 秒处的不透明度设置为 100,则 Logo 图形从白底处渐显出来了,如图 7-31 所示。

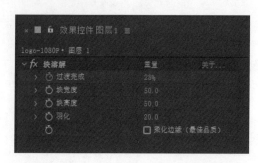

图 7-30　"块溶解"特效的参数设置　　　　　图 7-31　参数调节后的 Logo 展示效果

（5）制作完成之后，按 Ctrl+M 导出。导出格式为"Quicktime"，即 mov 格式。相关界面与设置如图 7-32 所示。

以上具体操作见视频教程。

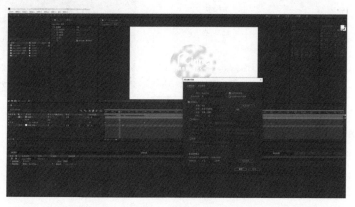

图 7-32　AE 导出设置 Logo 的定版片段

再次进入 PR 软件，将导出的片尾片段加入剪辑序列中后，整个内容上的剪辑过程就完成了，如图 7-33 所示。

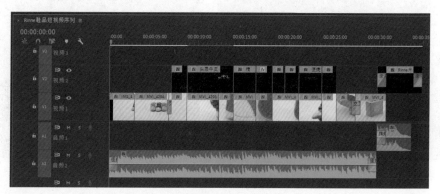

图 7-33　内容剪辑基本完成后的序列

7.3.4　调色修整

由于拍摄时色温调整有点偏暖，因此需要进行校色操作。在这里主要使用 Looks 插件来校色。

1.Looks 调色

（1）从"效果控件"窗口找到 Looks 插件（图 7-34），拖到序列上具体的素材片段上，即可给素材添加上该特效。

（2）在"效果控件"窗口中，单击 Looks 选项组下方的 Edit Look，即可进入该特效的编辑面板，如图 7-35 所示。

图 7-34　"效果控件"窗口中的 Looks 插件

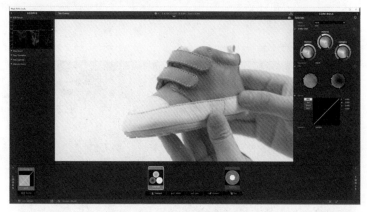

图 7-35　Looks 专用编辑面板

（3）在编辑面板中，采用三色矫正工具，对画面进行了调色，并采用曝光工具，对选中的画面进行了加亮处理。

校色过程需要每一个镜头逐一进行，也可以复制其中一个，粘贴到其他片段上，再进行微调处理。

具体操作过程见视频教程。

2. 锐化处理

原始素材对材质的表现，显得不够清晰锐利，不能体现出鞋品用料的优势与特点。为了突出鞋品的材料品质，可以适当加入锐化效果。

这一步的操作非常简单，就是在"效果"窗口中找到"锐化"特效（可以搜索得到），拖放到序列中的素材片段上，然后在"效果控件"窗口中设置参数即可。在这里我们设置了30，如图 7-36 所示。图 7-37 所示是素材加入锐化特效的前后对比图。

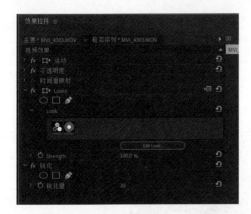

图 7-36　给素材片段加入锐化特效　　　　　图 7-37　素材加入锐化特效的前后对比图

具体操作见视频教程。

7.3.5　画幅重设

由于淘宝主页短视频要求必须是方形的视频，而目前的视频规格是 1920*1080，是 16∶9 的，因此必须对画幅进行重新设置。

（1）新建自定义序列：我们新建了一个自定义的 1920*1920 的方形序列，并命名为"出片序列"。相关参数设置如图 7-38 所示。

图 7-38　PR 中自定义序列的参数设置

（2）序列嵌套：从项目窗口选择前面制作完成的"RINNE 剪辑序列"，并将其拖到新建的"出片序列"。我们就看到了最终的正方形成片效果，如图 7-39 所示。接下来，我们就可以进行最终的输出步骤了。

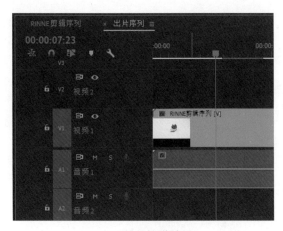 

（a）轨道效果　　　　　　　　　　　　　（b）画面效果

图 7-39　嵌套序列之后的轨道效果与画面效果

7.3.6　渲染输出

1. 渲染参数设置

按快捷键 Ctrl+M 即可调出"导出设置"窗口。

在窗口中,设置如下参数。渲染格式选用"H.264",在"输出名称"处选择输出路径。在下方"视频"选项卡中,设置"目标比特率"为 10Mbps,"最大比特率"为 16Mbps,如图 7-40 所示。

2. 渲染输出

单击"导出设置"窗口右下角的"导出"按钮,即可将最终成品短片导出。

RINNE
童鞋成片

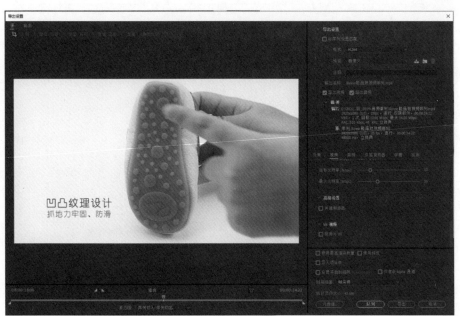

图 7-40　渲染输出设置

7.4　商品广告类短视频推广

　　该鞋品短视频投放在淘宝商城的产品页面上，据商家后续反馈，效果良好。在"双十一"活动以及后续的销售过程中，除了销售量有一定增长之外，最大的好处在于降低了客服与买家沟通的工作量。

📖 |课后习题|

　　结合视频教程，总结归纳运用 PR 软件剪辑操作所涉及的快捷键，并制作一份快捷键列表（表 7-1）。

表 7-1　PR 软件快捷键列表

序号	快捷键组合	功能
1		
2		
3		
4		

📖 |任务实训|

　　模仿本章内容，自行选择一个产品，策划一个不短于 30 秒的产品介绍短片，并完成短片的拍摄与制作。

　　要求：画质清晰，体现产品特点、卖点。

　　尺寸：横屏 16∶9。

　　帧速率：25 fps。

　　格式：mp4。

　　音频：48 kHz。

　　平台：淘宝、拼多多、抖音等。

Duanshipin Chuangzuo yu Yunying（Cehua、Paishe、Jianji、Tuiguang）

第八章

企业宣传类短视频

本章特色

知识学习：本章主要内容包括企业宣传类短视频的前期策划方法、中期拍摄技巧、后期视频剪辑要点和常用的推广方式。为了让学习者轻松掌握知识要点，本章还将部分重难知识点总结成口诀，方便记忆，为学习者提供轻松、有效的宣传类短视频创作指导。

技能提升：学习本章以后，创作者能轻松理解并掌握企业宣传类短视频的四种策划方法，牢固掌握八大取景与拍摄技巧、六个简单实用的剪辑技巧，根据实训任务要求，完成企业宣传类短视频的创作与推广。

素质养成：在短视频创作的前期，重在提升学生细心观察、耐心聆听、实事求是的职业素养；在短视频创作的中期与后期，强调吃苦耐劳、精益求精的工匠精神。在任务实训中，通过团队成员之间的配合、磨炼，提升创作团队的协作意识和探索精神。

一部定位准确的企业宣传类短视频不仅有利于强化人们的记忆，还能以较低的投资达到广泛传播的目的。

8.1 企业宣传类短视频策划

在制作策划方案之前，我们要明确，甲方制作企业宣传片的目的是什么，要解决企业经营发展中的哪个痛点。无论是产品营销还是品牌推广，或是企业形象塑造，都需要一部具有视觉冲击力的短片来发挥这个作用。所以，我们在给客户呈现一份策划方案时，一定要跟客户产生价值共鸣，要让客户充分相信，我们的作品能够给他的企业宣传带来附加值。

制作企业宣传类短视频策划方案，需要从以下四个步骤出发，即"察、听、立、重"四字。

1. 察现状

策划方案切忌闭门造车，我们要尽可能多地从客户手里获取企业相关的资料、项目产品、核心技术、优秀团队、企业发展的前世今生，甚至未来愿景。有些时候，客户也不知道我们具体需要哪些资料，这时候就需要列一份资料清单，让客户逐一准备。拿到资料后，我们才有可能对企业有大致的了解。最后根据我们的需要，取其精华，提炼短片所需表达的核心价值内容。

在这里，给大家提供一套项目内容时长框架的分配占比。

（1）公司简介——占整片 10%。

在资料里摘选公司成立时间、地点、规模、人数、行业影响力等作为公司的简要介绍。

（2）公司业务——占整片 50%。

首先摘选其公司的主要业务板块，说明各业务板块具体做什么或各产品都有哪些；然后摘出各业务板块或产品的优点；最后介绍公司产品的市场份额、销量等。

（3）公司荣誉——占整片 10%。

摘选公司、公司法人曾获得的各种荣誉奖项和证书。

（4）公司文化——占整片 10%。

摘选公司的价值观、经营理念和企业精神等有关的文字。

⑤公司贡献——占整片10%。

介绍公司在业界和社会都做了哪些贡献,有哪些善举。

⑥公司愿景——占整片10%。

摘出公司未来发展方向,还可以介绍领军行业将要做哪些工作。

2. 听需求

当我们了解企业现状后,也不能盲目开工,而是要认真倾听客户的诉求。一般这类企业宣传片时长3~5分钟,即一首歌或一首纯音乐的时长,不可能面面俱到地展示企业的所有信息。这时候我们就要与企业负责人沟通,是想侧重于产品销售、品牌宣传、融资方案还是综合性的企业形象展示。只有深入地了解到甲方的真实需要,才能在后面的策划中少走弯路,争取直达痛点。当然,在这个过程中也要尽量地洞悉甲方的制作预算,这非常重要。

3. 立创意

在以上亮点的基础上,我们的方案策划才能有的放矢。根据企业现状提炼出想要表达的核心内容,再结合甲方的需求,梳理出短片所要表达的内容大纲。此时策划方案的大致框架也就初步形成了。创意,是一部片子的灵魂,也是影片表现能否吸引人的关键。根据甲方制作预算,我们还要确定短视频是采取平铺直叙的方法,还是介绍人物故事;是一两个场景短时间内拍摄完成,还是多个场景转场拍摄。

4. 重执行

即使在立创意阶段,我们也不可以天马行空地脱离实际自由想象,而是要充分考虑下一阶段的拍摄、剪辑、特效、合成、音乐、字幕等是否能够实现,制作成本预算和时间周期是否允许。必要时,我们需要跟拍摄导演提前沟通,讲述我们的创意思路,在正式拍摄之前提供详细的分镜头脚本,这样才能保证宣传片的顺利落地。

以上四点,就是我们策划企业宣传片的四大要点。大家只要领悟其中精髓,无论你是制作小成本宣传短片,还是大片,都非常适用,当然这也需要在实操过程中活学活用,举一反三。

8.2 企业宣传类短视频拍摄

对于企业宣传类短片如何拍摄,大家或许存在理解偏差,总认为一定是高大上且神秘的。其实掌握企业的以下八个场景,短片极易出效果,也会大大提升整片的档次。

我们一起来看看,这八个场景都有哪些。

1. 客户接待

通过拍摄迎接客户的场景,来营造高端会晤的感觉,尽量选择专业模特或公司内高颜值员工担任演员,如图8-1所示。从大厅接待到会议室达成合作,客户形象越高级,片子整体档次就越高级。

图 8-1　客户接待场景

2. 员工形象

选择 3~5 名形象好、气质佳的员工，站在企业大楼前，自信满满眺望远方，或者站在前台面向镜头自信微笑，如图 8-2 所示。

图 8-2　员工形象

3. 会议讨论

拍摄 5~8 个人围一张桌子讨论项目的场景，或者围坐在大型会议桌上开会的场景，如图 8-3 所示。画面中有站有坐、有说有听，这样的场景使团队的专业感瞬间迸发。

图 8-3　会议讨论场景

4. 办公区域

办公区域的拍摄,务必满足有人走动,切忌空席或全部坐在工位上,再配合一些员工一起讨论的画面,尽量男女搭配,选择高级感的文件夹或笔记本作道具。

5. 办公大楼

对于个别有气势且专属的办公大楼,一定要采用延时摄影的拍摄方式,在表现企业实力的同时,更展示出企业在风云变幻的市场中的地位。

6. 体现国际化

设计外籍客户到企业参观考察、洽谈的场景,或邀请企业自有外籍员工上镜,来体现企业的国际化,如图 8-4 所示。

图 8-4　体现国际化的场景

7. 团队造型

拍摄企业宣传片时一般要展现团队形象,此时团队造型一定要有层次。可选择男女搭配、高低搭配、衬衫和西装搭配,以此展示团队的活力,如图8-5所示。

图8-5　团队造型场景

8. 客户笑脸

在结尾部分,加入众多人物笑脸,老人、小孩、情侣、一家人等等,以此展示企业为社会带来的价值,笑得越开心,收尾越有力量。

知识小贴士:

结合多年的拍摄经验,围绕以上八大场景笔者总结出以下口诀:大楼航拍绕、前台点头笑、办公区扫描、开会冒个泡、团队一起叫、一起把手撞、老板背影照、造型一起凹。

8.3　企业宣传类短视频剪辑

8.3.1　企业宣传类短视频的剪辑技巧

企业宣传片怎样剪才能剪出高级感?学会六个简单实用的剪辑技巧,你也可以成为剪辑师。

1. 视频变速

通常的做法是先快速再慢速,需要注意的是画面运动的范围越大,节奏会越强烈;快慢的变化越大,冲击感会越强烈。

2. 无缝转场

这种手法一般应用在从一个空间到另外一个空间的转换,画面的主体保持不变,主体突然出现在另一个空间里,营造一种时间和空间交错的视觉体验。

3. 固定镜头多次叠画

当我们需要表现一个人做决定时的内心挣扎,不知道怎么选择的时候,可以运用这种固定镜头叠画的效果,把人物思考的长镜头切断,让人物出现在不同的地方,再用叠画的方式把画面剪辑在一起,从而体现人物深思熟虑、反复思考的过程。

4. 跳切

这种剪辑手法一般应用在展现高级设计、私人定制的场景,这样更容易营造高级感。需要注意的是,人物的景别变化要足够大,否则会适得其反。

5. 相似画面剪接

相似画面剪接,就是找到相同形状的画面内容进行切换,在视觉上会形成一种时空变幻的特殊感觉,使视频更有创意感。

6. 片头片尾

一个有灵魂的宣传短片,片头、片尾是不可或缺的重要组成部分,我们借助可商用的素材网站,下载 AE、PR 等工程文件进行再编辑,从而打造一个专属的、有个性的片头、片尾。

8.3.2　企业宣传类短视频剪辑方法

接下来以 ×× 科技有限公司的企业宣传视频为例。

(1)新建工程项目,输入项目名称、储存位置等基本信息,如图 8-6 所示。

(2)新建序列,选择快捷键 Ctrl+N,选择 AVCHD 预设中 1080p50,输入序列名称,如图 8-7 所示。

图 8-6　新建项目　　　　　　　　图 8-7　新建序列

(3)导入拍摄素材,调整顺序,用剃刀工具裁剪掉多余的部分,如图 8-8 所示。

图 8-8 导入拍摄素材

（4）精剪。利用"效果控件"选项组调整部分镜头的大小（图 8-9），利用"剪辑速度／持续时间"选项组调整视频素材的播放速度（图 8-10），也可按需选用倒放等效果。

图 8-9 调整部分镜头的大小

图 8-10 调整播放速度

（5）色彩调整。为了不破坏原素材的颜色，右击，选择"新建"|"调整图层"，在调整图层上调节 Lumetri 颜色，可以结合 lut 预设、曲线、创意等调节画面色彩，如图 8-11 所示。

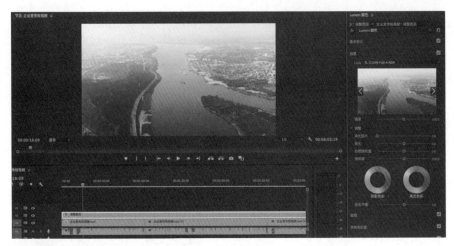

图 8-11　色彩调整

　　（6）声音调节。首先要分离原素材音频，按需调节降噪、增益值等；其次要添加 BGM，在开头和结尾调整淡入淡出效果，中间部分如有旁白，则可以按需添加关键帧，通过贝塞尔曲线调整 BGM 音量大小，如图 8-12 所示。

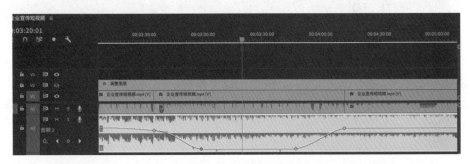

图 8-12　声音调节

　　（7）添加字幕。新建旧版标题，添加旁白字幕，调节字幕样式，拽入轨道，使旁白音和字幕内容同步，如图 8-13 所示。

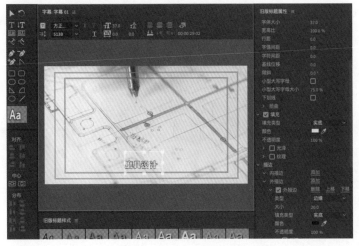

图 8-13　添加字幕

企业宣传短视频

(8)添加片头、片尾。导入下载的片头工程文件进行修改，也可以自己创设个性的片头片尾。

(9)输出渲染。视频格式选择 H.264，设置目标比特率为 3～4 Mbps（图 8-14），在不影响画质的情况下改变文件的体积大小，以适应流媒体播放。

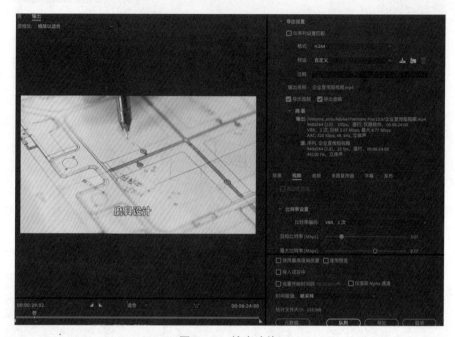

图 8-14　输出渲染

（10）预览成品文件。查看视频是否出现黑边、掉帧、画面卡顿等问题，如有异常，需重新检查、调整素材文件，再次输出。

8.4　企业宣传类短视频推广

企业宣传片制作完成后，最大的作用就是宣传企业，推广企业的品牌，让更多人了解企业的品牌及产品。企业宣传片除了在新品发布会、展会、晚会上进行播放外，还可以投放到一些新媒体平台，大家都可以试试，如微博、微信视频号、好看视频、小红书、B 站等。

📖 |课后习题|

一、填空题

1. 制作企业宣传类短视频策划方案，一般分为四个步骤，总结为"察、听、立、重"四字，它们分别代表_____、_____、_____、_____。

2. 企业宣传类短视频拍摄的口诀是：＿＿＿＿＿＿＿＿、＿＿＿＿＿＿＿＿、＿＿＿＿＿＿＿＿、
＿＿＿＿＿＿、＿＿＿＿＿＿、＿＿＿＿＿＿、＿＿＿＿＿＿、＿＿＿＿＿＿。

二、简答题

请简要论述企业短视频剪辑中固定镜头多次叠画是如何实现的。

▤ |任务实训|

自行组队完成学校或本专业的宣传短片，5 人每组为宜。

根据学校或本专业实际情况制作宣传推广视频，按照策划、脚本、录制、剪辑、推广顺序逐一
完成。

录制设备：专业数码单反相机、微单、手机＋稳定器＋收音设备。

剪辑软件：Adobe Premiere。

视频帧大小：1920*1080（1.0000）/ 横屏。

帧速率：25 fps。

像素长宽比：方形像素（1.0）。

场：无场（逐行扫描）。

音频采样率：48000 样本 / 秒。

色彩空间 / 名称：BT.709 RGB Full。

Duanshipin Chuangzuo yu Yunying（Cehua、Paishe、Jianji、Tuiguang）

第九章

特色美食类短视频

　　知识学习：本章主要内容包括特色美食类短视频的前期策划方法、中期拍摄技巧、后期视频剪辑要点和常用的推广方式，为学习者提供全流程的美食短视频创作指导。

　　技能提升：学习本章以后，创作者能清楚认识烹饪类、探店类、测评类、推荐类等美食类短视频在创作方法上的区别，能完成一种或几种美食短视频的方案策划；掌握美食类短视频的布光、布景技巧，根据实训任务要求，完成素材拍摄、后期剪辑与推广。

　　素质养成：本章实训鼓励创作者挖掘家乡美食题材，弘扬家乡传统美食文化，尤其提倡中国非遗美食短视频的创作，通过团队成员之间的配合、磨炼，不仅能提高学习者的技术能力，更能提升创作团队的协作精神和探索精神，培养学习者的家国情怀与民族自豪感。

　　我国幅员辽阔，民族众多，不同的历史渊源、人文地理环境，形成了东西迥异、南北殊同的文化现象。单看风情各异的怪吃怪俗，就够品味一番了。俗话说"百里不同风，千里不同俗"，中国具有五千年美食文化，中国人的胃可谓是尝遍了百味。当你徜徉在各地的美食街，你会发现大江南北不同地域的特色美食数不胜数，各种特色饮食门店也比比皆是。如今，人们把各地美食的特色分享到网络上，受众看着各地域不同的诱人美食大多被种草。看着让人垂涎欲滴的美食，网民恨不得分分钟奔往现场，以满足自己的味蕾。

9.1　特色美食类短视频策划

　　在介绍具有地方特色的美食时，要尽量讲清楚其产地，告诉大家，为什么火腿只有浙江金华的好吃，为什么黄牛肉只有湘西的好吃，为什么潮汕的牛肉丸最好吃，等等，这些都是美食特色的唯一性。再把观众关心的产品的痛点、爽点、痒点、卖点全部融合在短视频中进行展示，从而让受众全方位了解美食。美食类短视频一定要从用户健康的角度考虑，遵守国家法规，杜绝对暴饮暴食的错误宣传，倡导健康快乐饮食！

　　一般来说，特色美食类短视频一般分为烹饪类、探店类、测评类、推荐类等展现形式。

9.1.1　特色美食烹饪类短视频策划方法

　　美食烹饪类短视频，重在向观众讲解特色菜肴的烹饪方法、烹饪过程，可以选择真人出镜操作，也可以无人出镜只拍摄锅碗瓢盆和食材，单纯地记录流程即可，如图9-1所示。此类短视频受众群体比较广泛，不太受年龄、性别的限制。

图 9-1　阿男的食谱——宝塔肉制作

在选题方面，美食烹饪类短视频要选择有特点或者受人喜爱的菜肴来展示，比如福建封肉、东北锅包肉、湖南腊肉等著名菜肴的制作方法，小米糕、蛋糕、蛋挞等小吃的简易做法等。

在文案撰写方面，一定要熟练烹饪流程，能够对烹饪效果有所预测，文案用语应简洁明了，流程清晰，定位明确，不可含糊不定。

9.1.2　特色美食种草探店类短视频策划方法

美食种草探店类短视频的体验感比较强。在拍摄的时候一定要真实地展现自己，就像和朋友真实吃饭一样，用镜头带着观众一起到各种餐厅探店品鉴美食，既吸引观众的好奇心，又能享受美食（图 9-2）。

在选题方面，美食探店类短视频可以选择新开张店铺、特色店铺、多店集合来展示，通常以博主亲自探店的形式，对餐厅菜肴的历史、环境、价格、服务等多方面做出客观的评价，为用户提供实用的参考信息。对于新开张店铺一定要注意时效性，可以为用户提供避坑指南或者新品推荐。

在文案撰写方面，美食探店类短视频要体现种草的特性，可以用数字信息吸引用户，如一元油炸串串、三毛麻辣烫等，尽量避免使用限定词汇；对于特色店铺可以挖掘主厨经验，提高种草的成功概率。

知识小贴士：

美食种草探店类短视频受众群体大多是青少年，在展示中，博主可以通过互动拉近和观众的距离。需要注意的是，在种草探店类短视频中，尽量选择有特色的店铺或者有特色的人物来介绍，这样才更容易让观众停留观看。如，成都最"任性"的锅盔老板，每天要做600个，三十几年只收现金，大胃王可以来挑战啦！

图 9-2　特色美食种草探店类短视频

9.1.3　美食开箱测评类短视频策划方法

美食开箱测评类短视频,可以搜罗一些地方特色且稀奇古怪的吃食,以替观众测评试吃为主要目的,即我们所熟知的"吃播",视频中一般选择大家不会轻易尝试的食物。这类短视频比较注重在试吃的过程中的表情变化,彰显趣味性和挑战性,从而获得更多的关注和观看时长。

在选题方面,博主可以对经典的食品、饮品进行打分评价,也可以对不同品牌或不同餐厅的同一款食品进行横向比较,博主要表达明确的个人观点和评论(图 9-3)。

在文案撰写方面,博主一定要表达出每一道菜品或者饮品的感受,从美食的外观、口感、味道、分量等方面进行评测,描述越细致,代入感越强。

图 9-3　种草大户萌叔 Joey——关东煮测评

9.1.4　山村野食推荐类短视频策划方法

山村野食推荐类短视频,适合在青山古风小镇内拍摄,带观众体验城市外的田野风光的同时,展现最具有乡野味道的美食做法,这也是最具有代表性的、最具地域特色的美食类短视频。在这类视频中,食材的原产地环境、烹饪的过程,及代入感极强的品尝,都是吸引粉丝的关键点。如李子柒(图 9-4)、山药视频等博主是山村野食推荐类短视频的代表。

策划这类视频的时候,我们要根据产品的属性、现有的场地来选择更适合的方案,这样才能策划出高质量的提案,如在乡村厨房展示家常菜、在户外展示野味等。

图 9-4 李子柒——制作阿胶膏

知识小贴士:

创作美食类的短视频,一定要遵循如下要求:

(1) 内容一定要目标定位清晰,定位明确。

(2) 画面一定要显得色、香、味俱全,具有愉悦性。

(3) 文案一定要吸引人,直戳痛点。

9.2 特色美食类短视频拍摄

能够激起人们食欲的美食,不管是图片还是视频,观众无非是凭借视觉和听觉来感受其"秀色可餐"。拍摄美食并没有那么复杂,把握好以下五个方面就可以拍摄出好的作品。

9.2.1 拍摄光线

一般室内的自然光光线较暗,拍摄出来的食材没有光泽度,没有任何食欲。选择 LED 影视灯作为光源,就能够得到色泽饱满、光鲜亮丽的效果。在这里一定要注意打光技巧,切不可盲目照亮。

当然,对于一些香甜的食物,暖色柔光灯也是不错的选择,暖色光能给人食欲,柔性光可以体现出美食的质感,使食物更有光泽,更有视觉冲击力。图9-5所示是营造美食拍摄光线的片场。

图9-5　美食拍摄光线营造

9.2.2　拍摄角度

1. 平视

相机与景平行,能够使物品完整地展现出来,符合观众的视觉需求,适合拍摄水果、三明治、汉堡等有层次感的品类,也适用于米、面等食物的拍摄。

2. 俯拍

45°、90°俯拍是拍摄烹饪过程最常用的角度,这样的画面更有纵深感,尤其是展示很多菜品的时候,这种"上帝视角"更具有视觉冲击力。

3. 运镜

拍摄美食类短视频,一般采用固定机位即可,横竖屏根据实际需要来选择。当需要从众多菜品聚焦到单个菜品,或者从某个烹饪动作扩展到整个环境时,则可以使用推、拉镜头进行场景切换。

9.2.3　色彩搭配

很多人在做这类短视频时,即使所有的制作流程都没有问题,但是画面依然看着很普通没有食欲,关键问题出在其色彩的选用。在色彩搭配中,丰富的暖色系会给人带来更强的食欲感。我们在拍摄中,尽可能地选择一些厨房内简洁、干净的暖色用品作为搭配,使整体色彩更为鲜明,有助于提升食物质感。

9.2.4　拍摄景别

(1)远景、全景:一般用来介绍美食所在的大环境、大空间,比如某个饭店所处的地理位置,是繁华的大城市,还是偏远的小山村。

(2)中景:常用于展示食材、厨具、餐厅的整体,是简洁、奢华的西洋餐厅,还是文化气息浓郁的中式餐厅。中景是比较适合的景别。

（3）近景：用于展示烹饪的具体操作步骤，交代第一步做什么，第二步做什么，把整个流程进行完整的展示。

（4）特写：用于展示食材的细节，食物的成色、造型、质感，具有较强的视觉冲击力。当然，如果条件允许，还可以选择双机位进行拍摄，为后期剪辑提供更多视角的素材资源。

9.2.5　摄像收音

之前我们讲过，美食类视频主要就是让观众凭借视觉和听觉来感受食物的味道，视频也只能以视频和音频来展示食欲，所以收录清晰无杂质的音频，是这类短视频尤其要注意的。不仅要录制清晰的人声，还要收好自然的音效，比如烤肉声、油泼声、咀嚼时发出的声音、火烧的声音、炒菜的声音等，这些都是提升观众食欲的关键要素，所以，拍摄环境应尽量安静，拒绝嘈杂。

9.3　特色美食类短视频剪辑

1. 镜头的组接

在单镜头时长方面，切勿持续使用重复类镜头。如切菜、翻炒、煮炖等镜头，把控好每一个镜头时长，一定要快慢得当，避免用时过于平均。

在镜头衔接方面，镜头之间衔接要紧凑，不可过于松散，面面俱到或缺少逻辑关系均不可取。

另外，要注意特写镜头和慢镜头的使用。

2. 画面效果

要想激起人们的食欲，除了前期拍摄，后期的调色、特效处理也非常重要。通常情况下，暖色调更能让食物看起来香甜可口；冷色调则适合一些冷食，给人以生硬、冰冷的感觉，如图9-6所示。为此要根据食物特性不同进行适当调色，包括色相、饱和度、亮度方面的调节。大家可以借用 PR 自带的 Lumetri 调色功能进行调色，也可以用达芬奇调色软件进行后期调试。

此外，还可以添加滤镜、转场特效，让画面看起来更加丰富多彩。

3. 声音的使用

BGM 方面，根据美食类型选择适合美食的背景音乐，不可随意选择，尽可能做好卡点。此外还要注意声音的高低起伏，不能像 MV 一样全程同一音量。

音效方面，要根据镜头动作选择恰当的特效音，搭配得当，用声音刺激观众的听觉，体现美食的可口性，如倒水、油炸、翻炒等音效特别能提升美食创作的真实感。

人声方面，可以适当地添加。如吃播或者种草类的美食短视频，就需要悦耳的人声来主导粉丝的听觉，对于像"噗噗叽叽"这种展现美好生活类型的美食短视频，就很少涉及人声，全程以轻音乐为主。

图 9-6　美食类短视频后期调色

4. 添加文字

美食类短视频文字包括片头字幕、台词、片尾的文字。

片头字幕，一定要醒目，文字不可太多。字体、字号以及文字效果都要慎重选择。

对于提示类的台词，一般指操作步骤的提示字幕，可以根据需要添加，有助于粉丝记忆。

片尾字幕，基本都是以关注我、求点赞之类的文字为主，文字的位置和样式也要认真推敲。

9.4　特色美食类短视频推广

1. 打造热点

美食类短视频传播性特别强，受众群体特别广，一旦制造一个传播热点出来，其他用户就会跟风，因此特别适合营销活动的传播与扩散。

2. 找网红推广

网红自带流量，如果有足够预算，可以请网红到店里进行吃播，通过抖音平台快速打造网红店，进而进行线下引流，提高营业额，餐饮业商家应该把握住这个风口，趁势而上。如果在抖音餐饮营销推广上有其他难题，还可以寻找专业的抖音餐饮代理商解决。

📖 |课后习题|

填空题

1. 特色美食类短视频大致分为＿＿＿＿＿＿、＿＿＿＿＿＿、＿＿＿＿＿＿、＿＿＿＿＿＿四大类。

2. 创作美食类的短视频，＿＿＿＿＿＿＿＿一定要目标定位清晰，定位明确；＿＿＿＿＿＿＿＿一定要色、香、味俱全，具有愉悦性；＿＿＿＿＿＿＿＿一定要吸引人，直戳痛点。

3. 美食短视频拍摄中，常用的景别有＿＿＿＿＿＿＿＿、＿＿＿＿＿＿＿＿、＿＿＿＿＿＿＿＿、＿＿＿＿＿＿＿＿，其中，＿＿＿＿＿＿＿＿用来介绍美食的大环境，＿＿＿＿＿＿＿＿用来展示食物产品的细节。

4. 要想激起人们的食欲，后期的调色也非常重要，要注意＿＿＿＿＿＿＿＿色有助于增进食欲，＿＿＿＿＿＿＿＿光有助于展示食物质感。

5. 音频调节是后期处理不可缺少的步骤，在美食短视频剪辑中，通常需要注意协调处理＿＿＿＿＿＿＿＿、＿＿＿＿＿＿＿＿、＿＿＿＿＿＿＿＿三种声音。

任务实训

以"家乡味道"为主题进行创作。

团队分工要明确，策划方案要具有可行性，脚本格式完整且具有创意。

拍摄时注意灯光调节、拍摄角度、景别以及运镜的使用。

视频应画质清晰，色彩符合主题，排版适当，特效运用得当，无黑边。

剪辑软件：Adobe Premiere。

视频帧大小：1920*1080（1.0000）/ 横屏。

帧速率：25 fps。

像素长宽比：方形像素（1.0）。

场：无场（逐行扫描）。

音频采样率：48000 样本 / 秒。

Duanshipin Chuangzuo yu Yunying（Cehua、Paishe、Jianji、Tuiguang）

第十章

时尚美妆类短视频

本章特色

知识学习：本章主要内容包括美妆类短视频的前期策划方法、中期拍摄技巧、后期视频剪辑要点和常用的推广方式，针对美妆类短视频的创作难题提供技术指导。

技能提升：学习本章以后，创作者能轻松掌握时尚美妆类短视频的选题方向和拍摄的注意事项，了解常用的推广技巧，牢固掌握视频的剪辑流程，根据实训任务要求，能完成时尚美妆类短视频的创作与推广。

素质养成：本章在短视频创作的前期，重在培养学生诚实守信和稳扎稳打的职业素养；在短视频创作的中期与后期，更强调创新思维和精益求精的工匠精神。

目前，美妆类短视频竞争越来越激烈，流量转化也变得愈加困难，那么在如此"内卷"的态势下，美妆类短视频要怎么做才能突围呢？

10.1 时尚美妆类短视频策划

10.1.1 美妆短视频类型

在做美妆类短视频之前，要先明确账号定位，确定风格特色。常见的美妆类短视频有以下三类。

1. 美妆教学

美妆教学类短视频一般重在方法、技巧的表达。从妆容上来说，日常妆容有素颜妆、欧美妆、清冷妆、仕女妆、舞台妆等，美妆博主可以结合自己的化妆方法进行知识分享，细分定位。对于美妆技巧类的短视频，则需要博主对某种化妆技巧进行讲解，可以是眼妆技巧、涂抹口红的小技巧、美容美发的小技巧，等等，如程十安 an、仙姆 SamChak 等。

2. 仿妆 / 变妆

仿妆短视频，是博主模仿某个知名的电影明星或者动漫、戏曲人物的妆容而拍摄的视频，要求博主有一定的化妆技能。变妆短视频，要求凸显出妆前与妆后的区别，用博主变妆前后的反差来吸引粉丝观看，也可以融入剧情，传达正能量，如黑马小明、叶公子等。

3. 好物分享

好物分享通常以博主出镜测评的形式向粉丝推荐产品，通过博主自身在用户心中营造出的信任感，达到种草的目的，如豆豆 _babe、我是张凯毅等。

10.1.2 时尚美妆短视频选题方向

那么，未来的美妆账号该如何做呢？抖音美妆行业年度盘点官方报告给出了指引。在美妆类短视频的赛道,什么样的内容播放量大、变现快,通过这个报告,我们似乎可以找到答案。在美妆类短视频策划中,如果你想进赛道或已在赛道中但找不到未来发展方向,那么笔者告诉你拍什么内容、做什么选题、对标哪些账号可以快速敲开流量密码。

1. 十大美妆功效词

防晒、美白、祛痘、淡斑、控油、清洁、遮瑕、素颜、保湿、粉刺,这些功效词的搜索量是出现频率最高的。如果你的策划内容不围绕这些热频词语做,也就不要再问为什么你的视频流量低了。

2. 十大成分关联词

氨基酸、玻尿酸、烟酰胺、维生素 E、水杨酸、胜肽、维生素 C、寡肽、视黄醇、壬二酸,这是最热门的十大成分关联词。大数据告诉我们,如果你的内容或者带货选题涉及这些抓眼球的词,点击率等数据会更好。

3. 选题方向的确定

单调的美妆总是千篇一律,是很难再突破的,但是如果你确实被内卷得不知道该向哪个细分道走的情况下,笔者给你一个最简单的办法。美妆 + 二次元、美妆 + 文化、美妆 + 健身、美妆 + 艺术、美妆 + 科普、美妆 + 剧情等都是不错的选题思路。这里也给大家准备了几个有代表性的对标账号。

(1) 美妆 + 二次元,对标账号 "狼美丽"(图 10-1)。它把美妆技巧结合在轻松幽默的卡通科普中,这是 "90 后" "00 后" 的大爱啊。

图 10-1　"狼美丽" 账号

（2）美妆＋传统文化，对标账号"果小菁"（图10-2）。脸谱卸妆想必是大众比较陌生的，这就具有一定的新鲜感，戏里是国粹艺术，戏外是护肤保养心得体验，妥妥地完美结合了美妆和文化。

图10-2 "果小菁"账号

（3）美妆＋科普，对标账号"皮肤精老刘"（图10-3）。通过专业视角传递护肤科学，最重要的是抓住了生活的细节。

图10-3 "皮肤精老刘"账号

（4）美妆＋艺术，对标账号"青尘手绘"（图10-4）。别人是把妆容化在脸上，她却是把妆化在笔下栩栩如生的人物里。

图10-4　　"青尘手绘"账号

上述这些无非就是笔者为读者提供的对标参考，而在实际策划中，还需结合读者自身的优势进行选择。当然，如果可以另辟蹊径，寻找一条更有特色的细分道或许才是我们最终的目标。

10.1.3　美妆短视频策划技巧

在美妆类短视频策划阶段，还要解决一个关键的问题，即如何设置好开头的钩子，让视频更容易上热门。笔者认为，掌握以下四种方法，必能得到事半功倍的效果。

（1）善用对比。这个对比最好是能形成巨大反差效果的那种，比如，左右眼睛的对比、左右脸的对比、妆前和妆后的对比。给观者带来巨大的反差，让观众能够提起兴趣，继续观看视频。

（2）制造概念。现在很火的美妆概念有骨相化妆、平行四边形眼妆、3D化妆、日常轻妆等，虽然这些都是比较普通的形式，但是通过制造一个全新的概念，却能带来新颖的视觉效果。

（3）测评热门网络事件。如，当×××走进现实生活（当美妆博主回归现实）；当×××的妆容出现在我的脸上（当欧阳娜娜千金妆在我脸上）。

（4）明星效应。必须要学会利用明星效应，特别是在美妆圈内比较火的那几个博主，如赵露思、易梦玲、井川里予，等等。

10.2　时尚美妆类短视频拍摄

10.2.1　拍摄要求

首先，美妆类短视频拍摄环境，一般选择明亮的小场景，背景不宜过于复杂，避免喧宾夺主，分散观众视觉注意。

其次，美妆类短视频博主在镜头前都要有足够的自信心，只有饱满的状态才能吸引粉丝持续观看。有些账号不用看视频，一看封面就知道这个账号根本做不起来的。为什么呢？不自信的人是做不了美妆博主的（这与你是否漂亮没有太多关系），在镜头面前眼睛若没有神，又没有面部表情，即便妆化好了，呆滞的目光、漠然的表情也是不行的。

纵观那些成功的美妆博主，即使是在素颜状态下，顶着黑眼圈、一脸雀斑，讲话依然是眉飞色舞的，那更不用说化完妆后的完美状态了。这些美妆博主要么甜酷，让粉丝在评论区高喊"姐姐，我可以"；要么就是很清纯，看了让人觉得像恋爱了一般。

只有你的状态到位了，才有可能把一个美妆账号做起来，因为这种非常饱满的状态才有可能吸引到观众，所以，建立绝对的信心，是做美妆账号首要解决的问题。

10.2.2　拍摄方法

对于教学类美妆短视频，很多人都会有一个疑问：美妆类短视频是怎样录制出来的？居然可以把一个大概 30 分钟的正常化妆步骤浓缩成 2 分钟或者更短时长的视频，而且不破坏讲解步骤的完整性，又保证每个化妆步骤都不缺。

其实美妆博主并不是从头拍到尾的，如果从头拍到尾，这样剪辑会非常辛苦，他们是如何做到的呢？这些美妆博主是在每操作一个步骤的时候说一段讲解，如拍摄一段涂粉底液的镜头，大致步骤为点击拍摄——讲解＋操作——点击停止拍摄，停止拍摄后再继续将涂粉底液的化妆操作完成，待进行下一步喷定妆喷雾的环节时，再继续上述的操作。如此这般，大家就会有一种错觉，好像博主是将整个化妆步骤从头拍到尾的。

至于拍摄视频时，主播要讲什么，其实并不是特别重要的。可以讲具体操作步骤及注意事项，也可以讲生活中发生的一些事情，也可以讲热点话题，关键要有自己的观点，引起粉丝持续观看。

10.2.3　拍摄技巧

一般情况下，美妆类短视频拍摄需要固定镜头的运镜方式和近景、特写等景别，摄像师可以在相机或手机的前十几厘米进行拍摄，在化眼睛或者嘴巴比较细致的地方时可以进行特写。有些人可能就疑惑了:美妆博主都是对着镜头化妆,她们是怎么看见自己妆容的呢? 难道美妆博主是对着手机的镜头或者手机屏幕在化妆吗? 当然不是,对着手机屏幕会出现镜像效果,也就是呈现左右与现实相反的影像。正确的操作方法应该是在前方放置一个手机支架及手机/摄像机,而在手机支架的前方再放置一面镜子,使用手机的后置摄像头或者摄像机镜头对着博主进行录制。

10.2.4　拍摄光线

　　一些美妆博主看起来皮肤毫无瑕疵,吹弹可破,这和拍摄光线有着密不可分的关系。如果白天录制视频,可以选择窗前光线较好的位置,搭配柔光帘,调整位置,利用自然光进行拍摄,其视频的清晰度及五官的轮廓会更立体、更自然;如果室内光线不好,或者在晚上录制视频,则需要用环形美颜灯、球形 LED 或补光棒进行布光,调节光线的位置、强弱,当然这对布光的专业要求比较高,如图 10-5 所示。内容详见第三章相关内容。

图 10-5　布光

10.2.5　录制收音

　　收音设备的选择相对来说比较简单,在采集美妆类短视频声音的时候,通常有两种录音方式:一是边拍视频边录音;二是根据画面单独配音。录制环境尽量选择安静的室内录制场景,有条件的话可以选择专业录音棚录音。对于录音设备,手机内置话筒即可满足常规拍摄需要,如果希望声音效果更完美,可选择较专业的音频设备。

10.3　时尚美妆类短视频剪辑

　　时尚美妆类的视频剪辑主要是镜头的重组，尤其在变妆／换装类短视频后期剪辑中，常通过动作衔接、障碍物遮挡等方法展现变妆后的效果，通过变妆前后效果对比，让人眼前一亮。下面就以广东科贸职业学院学生梁凯玲、郑丽璇团队创作的《时尚变 zhuang》为例，讲解一下变妆类短视频的剪辑技巧。

1. 新建项目

　　打开 PR 剪辑软件，新建项目，导入素材，按照脚本顺序，将视频原素材逐一拖入视频轨道，并预览，如图 10-6 所示。

图 10-6　素材预览

2. 粗剪

　　对相同动作的镜头进行裁剪，剔除多余的内容。

3. 添加声音

　　按需优化原声音量高低，添加背景乐，根据视频时长对背景乐进行首尾裁剪和渐入渐出处理，通过"级别"或者音频关键帧调整音轨音量，如图 10-7 所示。

图 10-7　调整音轨音量

4. 添加字幕

根据对话内容新建文字字幕，并导入轨道，如图 10-8 所示。

图 10-8　添加字幕

5. 视频效果优化

添加视频转场效果，添加调整图层，添加 Lumetri 颜色效果，针对有问题的视频素材，通过效果控件矫正视频颜色，如图 10-9 所示。

图 10-9　视频效果优化

6. 视频渲染与输出

选择"导出"|"媒体"，设置格式、名称、比特率等基础信息后点击"导出"，视频渲染的过程中不要进行其他操作，如图 10-10 所示。

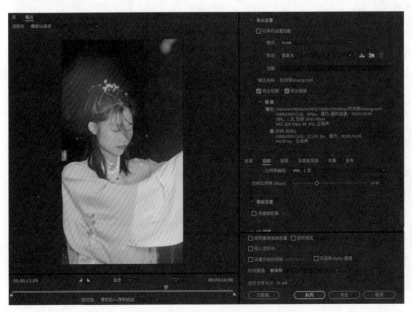

图 10-10　视频渲染与输出

时尚变妆

7. 预览成片

检查视频是否存在黑边、黑幕、素材紊乱、文字显示异常等情况，如有异常应在源文件中继续调整。

10.4　时尚美妆类短视频推广

时尚美妆类短视频常用以下三种方式进行推广。

10.4.1　视频＋广告

时尚美妆类短视频推广形式分为品牌合作和内容广告化，其核心都是向用户宣传商品，但形式和内容略有所不同。

好物分享类美妆视频就是直接向粉丝推送商品，一般情况，创作者在短视频中不会一味宣传产品有多好，而是用呈现各种创意妆容的方式，将产品亲身测试的效果直观地展现给受众。

而美妆＋情感／故事等美妆视频是在剧情中无形透露商品信息，进行广告软植入，让粉丝既记住了品牌内容，又不觉得反感，通过剧情推动，潜移默化地产生了品牌推广的效果。

10.4.2　有奖活动

通过微信小程序、微博媒体平台，通常以有奖转发、有奖征集、有奖竞猜等活动进行推广。其中有奖转发是目前采用最多的活动形式，只要粉丝们转发＋评论或＋@好友就有机会中奖，然而现在有奖转发活动也提高了门槛，除了转发外，还对转发的好友数量、群规模等有详细规定。

而有奖征集式的推广方式就是通过征集某些问题的解决方法吸引观众互动。美妆博主一般会针对某一问题征集粉丝们的评论，通过奖品诱导，调动用户兴趣来参与。

有奖竞猜与有奖征集相似，通过揭晓谜底答案，猜中者参与抽奖。在时尚美妆类短视频中，竞猜内容通常是猜化妆品、猜价格等，其活动的趣味性也能促进观众自动转发。

10.4.3　账号品牌化

相信大家都听说过美妆博主"程十安an"吧，笔者曾和几位行内大咖分析过这位"95后"小姑娘，她一个人的影响力和利润，甚至超过一家上市公司。一位坐拥近3000w粉丝的美妆博主，竟然才刚刚毕业几年，甚至连官方都在关注她的动态。粉丝对她的评价是——只要是她推荐的东西就可以闭着眼睛买，这就是账号品牌的影响力。其实，笔者总结下来发现，程十安an的影响力来源于三个字——真、干、货。

首先，"真"，即演绎真。程十安an有一条视频内容是教大家秋天如何洗护头发，于是她就在浴室里把自己淋湿了，教别人怎么洗；还有一个视频是告诉粉丝如何正确卸妆，她同样把自己化成大花脸，以真实场景、真实体验来分析那些种草产品，如图 10-11 所示。在美妆类短视频中，程十安 an 就是以这种真实演绎博得粉丝的信赖的。

图 10-11　"程十安 an"账号

　　其次，"干"，即干货满满。大家都知道分享干货可以涨粉，但什么才是粉丝认可的干货呢？其实生活中使用起来简单、易操作的才是观众认可的干货。比如说她一分钟可以搞定简单的高马尾，里面讲的都是头发怎么梳、皮筋怎么绑、发夹怎么卡才能让脑壳显得很饱满、发量显得特别多，如图 10-12 所示。内容全都是非常细致的，并且超级实用，实属手残党都能学会的"有手就行式"的讲解。并且她还给粉丝出了一份《程十安使用说明书》，着实为用户考虑，非常有才，这就是教科书式的干货博主。

图 10-12　"程十安 an"的视频截图

最后，"货"，即选品。程十安 an 有着极强的口碑，良好的口碑背后是她超级用心的选品，从用户需求出发，为用户选择高性价比产品，用心 + 诚心 + 个人风格，做出了一个以用户为中心的高价值人设，这也是"程十安 an"种草成功的关键所在。

📖 |课后习题|

填空题

1. 时尚美妆类短视频类型有＿＿＿＿＿＿、＿＿＿＿＿＿、＿＿＿＿＿＿三类。

2. 设置好开头的钩子，让视频更容易上热门，常用的方法有＿＿＿＿＿＿、＿＿＿＿＿＿、＿＿＿＿＿＿、＿＿＿＿＿＿四种。

3. 时尚美妆类短视频常用的推广方式有＿＿＿＿＿＿、＿＿＿＿＿＿、＿＿＿＿＿＿三种。

📖 |任务实训|

自行组队，每个团队 3 人为宜。从彩妆、护肤、发式等选题中自选美妆类型，完成时尚美妆类短视频创作，按照策划、脚本、录制、剪辑、推广顺序逐一完成。

录制设备：专业数码单反相机、微单、手机 + 稳定器 + 收音设备。

剪辑软件：Adobe Premiere。

视频帧大小：1920*1080（1.0000）/ 横屏。

帧速率：25 fps。

像素长宽比：方形像素（1.0）。

场：无场（逐行扫描）。

音频采样率：48000 样本 / 秒。

色彩空间 / 名称：BT.709 RGB Full。

Duanshipin Chuangzuo yu Yunying（Cehua、Paishe、Jianji、Tuiguang）

第十一章

Vlog 情景类短视频

■ 本章特色 ■

知识学习：本章主要讲述了 Vlog 情景类短视频的特点、策划方法和注意事项，在视频拍摄中期以"张同学"为例讲述素材录制的技巧，在制作后期主要介绍了 Vlog 情景类短视频的剪辑思路和几种推广引流的方式，为学习者创作 Vlog 情景类短视频提供理论与技术指导。

技能提升：学习本章以后，要求能清楚认知 Vlog 情景类短视频的特点和创作中的注意事项，能够根据课后实训任务要求，完成 Vlog 情景类短视频的方案策划，并按照脚本内容完成各镜头的素材拍摄，最后完成视频剪辑并输出到适当的平台进行推广。

素质养成：本章实训鼓励学习者创作以"乡村振兴"为主题的视频，意在培养其家国情怀和吃苦耐劳的劳动精神，增强生活美学感知力，通过团队成员之间的配合，提升创作团队的凝聚力和创造力。

Vlog 是 Videoblog 的简称，是日记 + 互联网 + 短视频的产物，以视频记录生活，并分享到自媒体平台与陌生人一起分享的生动的短视频形式。诚然，这里的分享也可以理解为个人的一种留念。

11.1 Vlog 情景类短视频策划

11.1.1 Vlog 情景类短视频特点

（1）时长短：一般在 1~3 分钟，时长太短，表述不清楚内容，太多，又显得赘述。每个镜头的时长控制在 1~3 秒钟，切记一个画面不要拍摄很久，最长不要超过 4 秒钟。

（2）场景多：Vlog 的场景一般有 10~30 个，这些镜头在短短的 1~3 分钟内完成快速切换。场景的丰富性，也是 Vlog 区别其他类短视频的一个特点。这类短视频比较适合美食类、旅游类、亲子、日常生活类等赛道的内容。

（3）内容真实：要做好 Vlog 情景类短视频，在内容上必须真实，即真实地表达自己内心的想法，真实地记录随意的生活片段。所以，内容的真实性，是 Vlog 最主要的特点。

11.1.2 Vlog 情景类短视频的策划方法

对于初学者，常常会有这样的困惑，视频拍好之后不知如何选择适合的 BGM、不知添加怎样的文案。难道不是应该先写好文案、写好脚本、想好 BGM，再去拍视频的吗？很多刚开始接触自媒体短视频的博主，其实都没有事先做策划，也不知道脚本该如何写。

拍摄前做好策划方案，写好脚本，相当于对要拍的视频提前做了一个规划，会让视频内容更有条理，逻辑性更强，也能大大提升拍摄效率，节约拍摄时间。

那么，接下来我们首先要确定：如何写好一个 Vlog 情景类策划方案的脚本。那么，Vlog 情景类短视频脚本应该包含哪些元素呢？

脚本元素可以根据每个人的需求来搭建，大部分脚本涉及的元素主要有镜号、拍摄场景、文案内容、时长、画面内容、景别、角度、音乐音效等。

（1）镜号：是画面的逻辑顺序，所有的拍摄素材最后都是按照镜号顺序来串联的，最终形成一个流畅的视频。

（2）拍摄场景：也是需要提前规划好的，家里常用到的拍摄场景有厨房、餐厅、卧室、书房、客厅等，在外面常用到的拍摄场景有咖啡馆、餐馆、办公室等。拍摄的时候可以有两种方式：一种是按照镜号的顺序一条接一条地拍摄；另外一种是根据场景集中拍摄，一次性把同一场景的素材拍摄完。如用到餐桌的场景，或许镜号相隔很远，但是我们可以前期一次性拍摄完成，剪辑的时候再根据镜号顺序调取素材即可。

（3）文案内容：一般指字幕，需控制在 1~2 行之间，最多不能超过 3 行。

（4）时长：这里指单个镜头时长，一般不建议超过 4 秒钟，否则容易形成视觉疲劳，让用户观看的时候没有耐心。

（5）画面内容：这是最关键的内容，当看到一行文案时，就要想应该拍摄什么样的画面匹配它，这也是短视频前期策划和中期拍摄的重要驳接处。在学习初期，做策划案应尽量详细，熟练了以后就可以写关键词代替。

（6）景别：Vlog 情景类短视频常用的景别有全景、中景、近景、特写。

（7）角度：Vlog 情景类短视频常用的拍摄角度包括水平、侧拍和俯拍。不同的景别和角度的切换，可以让视频画面更丰富，更有层次感。

（8）音效：Vlog 情景类短视频一般从头到尾是同一首 BGM，也有个别视频每个部分会配不同风格的 BGM，甚至还会加一些音效，如添加倒水、喝水的音效（这样的音效在前期拍摄中，录制效果一般不太好）。

表 11-1 中列出的几点内容就是 Vlog 情景类短视频脚本的必备元素，把这些内容填充好，一个完整的 Vlog 情景类短视频脚本就制作好了。根据脚本来拍摄，不仅拍摄过程更流畅，后期的剪辑也会更省时，作品也会更精良。

表 11-1　Vlog 情景类短视频分镜头脚本模板

镜号	场景	文案	时长	画面内容	运镜 / 角度	景别	音效

11.1.3　Vlog 情景类短视频策划注意事项

很多同学在前期制作策划案的时候，脑洞较大，容易天马行空，这里我们要考虑一个最关键的问题——你的策划案是否具备实施的可能性？关于场景、道具，生活中你是否可以找到切合主题的场景？如果没有是否可以通过绿幕抠像后期合成？你想出镜的道具是否可以实现？如果这些问题的答案都是"否"，那么你的策划案是没有可行性的。

此外,要注意镜头顺序的连贯性,毕竟 Vlog 情景类短视频镜头时长较短,镜头切换速度较快,若没有合理的顺序,用户观看的时候就会有云里雾里不明所以的感受。

11.2　Vlog 情景类短视频拍摄

这里笔者选"张同学"的 IP 作为 Vlog 情景类短视频的代表作,首先来深入分析"张同学"的拍摄技巧以及剪辑方法。

张同学从 2021 年 10 月初开始做抖音账号,截止到 2023 年 5 月,粉丝量已经涨到 1870 万,是去年 11 月抖音涨粉最快的博主。更重要的是,张同学本人曾表示在他走红的背后并没有公众所猜测的团队打造,视频里所有的录制、剪辑等一系列工作都是自己一手完成的。这其中的奥秘就在于其账号的定位、选题和拍摄取景的与众不同。

11.2.1　Vlog 情景类短视频拍摄技巧

1. 清晰的构思

Vlog 情景类短视频虽然是记录生活的细节,但不是随手的拍摄和随意的画面堆砌,所以在拍摄之前一定要有一个明确的主线构思。可以围绕一个话题、一段行程、一个产品去展开,构思好拍摄路线和每个场景要表达的情绪基调,确定几个关键画面。例如,张同学的 Vlog 虽然每个都在记录生活琐事,但每个视频的目的都很明确,关键画面交代清楚,匆忙而不凌乱,如图 11-1 所示。清晰的主线构思是 Vlog 情景类短视频创作的前提。

图 11-1　"张同学"账号

2. 情感共鸣或情感猎奇

在 Vlog 情景类短视频拍摄中，场景选择非常重要，大家可以从情感共鸣和情感猎奇这两点出发。

情感共鸣，是再现似曾相识的场景、情节来获取人们的共情。如张同学把拍摄场景选择在了农村，大多数观者都有在农村生活的体验，作品中呈现的那些拍摄场景及道具都是观者认识或熟悉的，因此容易产生情感共鸣。

情感猎奇，主要是抓住观众的好奇心理，拍摄一些知名又可望而不可即的场景，引起人们持续观看的欲望，比如太空、机舱密钥、世界知名景点等。"燃烧的陀螺仪"的视频就是基于这一点来选择场景的。

3. 多变的视角

Vlog 短视频的拍摄，一定要做到全方位、多角度地录制。创作者可以综合运用推、拉、摇、移等运镜方式和俯拍、仰拍、环绕等拍摄视角，给观众与众不同的视觉体验。笔者在分析"张同学"的 IP 时发现，其 6～8 分钟的视频中，大概出现了 200 个镜头，其数量远远多于其他短视频。这样的快节奏镜头切换，创造了心流体验，起到推动剧情、表达想法的效果。

4. 巧妙的转场

转场是提升短视频效果的一大利器，许多初学者都以为，转场是后期加入的特效，实则不然，在素材拍摄的中期更需要转场效果的录制。常用的有跳跃转场、旋转转场、遮挡转场等。无论是哪种转场形式，转场的动作都是要提前拍摄好的。比如要表现时间的变化或者空间的变换，选用起幅与落幅相同的画面衔接切换，便可以达到叙事的连续性。

下面，笔者根据"张同学" IP 中的作品，梳理出张同学在拍摄中常使用的拍摄技巧供大家参考学习（图 11-2）。需要注意的是，拍摄技法应做到因时而新、举一反三，这样拍摄的作品才会脱颖而出。

1. 主客结合	2. 前推运镜、固定拍摄	3. 呼吸运镜	4. 动作顺接
5. 空间转换	6. 三分法构图，中心法构图		7. 空镜转场
8. 守株待兔	9. 剪辑卡到 0.1 秒	10.45° 黄金视角	11. 位置变化、前推拍摄
12. 同物体换角	13. 动作联系	14. 慢动作拍摄	15. 留点距离
16. 音乐踩点	17. 广角拍摄	18. 万物互动	19. 跳跃式组接
20. 全景拍动作	21. 特写拍细节	22. 动作引导	23. 最佳拍摄角度
24. 分镜头拍摄	25. 动感	26. 不重复	27. 拿东西
28. 脚不动	29. 景别语言	30. 细节拍摄	

图 11-2 "张同学"视频拍摄技巧

11.2.2 Vlog 情景类短视频拍摄注意事项

（1）在拍摄 Vlog 情景类短视频时，一定要充分考虑景别及角度的多样性，如果没有多样的景别及角度，那么拍摄的镜头就很难做到差异性，没有了视觉的差异性，观者就很难有持续观看的耐心。

(2)Vlog 情景类短视频在拍摄中,应尽可能多地引用人设的第一视角,增加观者身临其境的真实性和亲切感,让观者产生沉浸式的体验和极强的代入感。

11.3　Vlog 情景类短视频剪辑

11.3.1　Vlog 情景类短视频剪辑技巧

掌握以下七个剪辑技巧,每一个人都有成功的机会。

① 主客结合。

以演员第一视角拍摄的镜头,即演员看到的内容叫主观镜头,除了演员外,其他人看到的内容叫客观镜头。主观镜头与客观镜头结合,简称主客结合,可以带来沉浸式的代入效果。

② 空镜转场。

没有人物的镜头叫空镜头,即空镜。采用空镜头来衔接上下画面,更加有动感。

③ 特写接特写。

特写,类似于音乐中的高音部分,能够起突出和强调作用,形成气氛。

④ 遮挡转场。

用物体挡住镜头后,衔接下一个场景。它的作用是制造强烈的视觉冲突感。遮挡镜头后,下一个镜头可随意衔接。

⑤ 跳跃式组接。

景别从全景或远景中间跳跃到近景、中景或特写,反差极大的两个镜头急剧切换,刺激人的视觉。

⑥ 动作剪辑点的组接。

同一个动作,用不同机位录制的镜头进行切换,如:同一个举杯的动作,不同机位录制的不同景别及角度进行瞬间组接,可以增强动作连贯性和流畅感。

⑦ 起落幅转场。

在开始时留起幅,在结尾时留落幅来衔接上下画面,会让画面更加地流畅,也符合剪辑的逻辑。

11.3.2　Vlog 情景类短视频剪辑流程

下面针对抖音平台短视频的要求,以自创《摘草莓》亲子 Vlog 为例,按照以上剪辑思路讲述视频剪辑全过程。

(1)新建项目、序列。在 "新建序列" 窗口选择 "设置",将 "编辑模式" 改为 "自定义",其他参数设置如图 11-3 所示。

（2）导入素材到项目。按脚本镜号逐一将镜头素材导入轨道，再导入提前准备好的 BGM，按照脚本组接镜头，并剪去多余的素材内容，如图 11-4 所示。

图 11-3　参数设置　　　　　　　　　　图 11-4　导入素材

（3）根据音乐节奏感和视频类型，调整素材长短和镜头播放速度。

方法：右击 fx，选择"时间重映射"|"速度"，按 Ctrl 键 + 单击，可为素材添加速度关键帧，通过贝塞尔杆实现曲线变速，如图 11-5 所示。

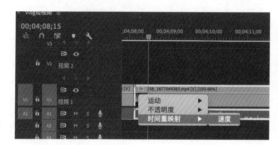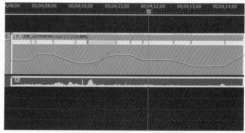

图 11-5　调整镜头播放速度

（4）设置音效。首先，编辑 BGM，首尾设置淡入淡出，在有人声的地方设置音频关键帧以降低背景乐音量。其次，对人声设置音频增益、降噪。最后，加入特效音，如闹铃、开门、跑步、车鸣声等增强视听感染力。

方法有两种：其一，在音频轨添加关键帧（图 11-6），右击设置音频曲线的类型，调节音量大小与音频变化效果。其二，选择"效果控件"|"音频效果"|"级别"，直接输入数值或者添加关键帧都可调节音频曲线，如图 11-7 所示。

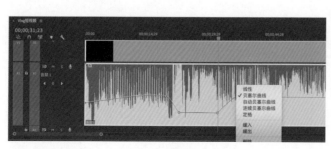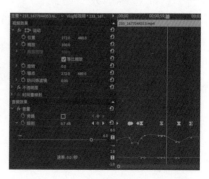

图 11-6　在音频轨添加关键帧　　　　　　图 11-7　通过效果控件设置音频

⑤ 添加调整图层,选择"Lumetri 范围" | "RGB 曲线" | "色相饱和度",按需矫正图像的纯度和亮度,如图 11-8 所示。

通过源监视器与节目窗口对比,查看调节效果。

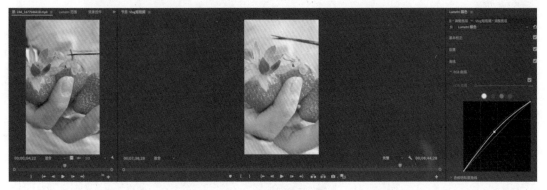

图 11-8　矫正图像的纯度和亮度

⑥ 导入字幕,并制作短视频封面,封面时长 1 秒。

方法:封面可以通过 PS 软件制作,也可以通过 PR 软件旧版标题制作,这里要注意视频的安全区域,如图 11-9 所示。

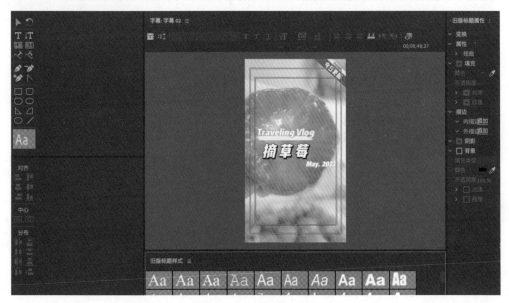

图 11-9　制作封面

⑦ 选择"预览" | "导出" | "媒体" | "导出",格式、名称、比特率等参数的设置如图 11-10 所示。

11.3.3　Vlog 情景类短视频剪辑注意事项

Vlog 情景类短视频的剪辑,需要大家非常认真、严谨,我们之前有提及,在剪辑中每个镜头时长一般是 1 ~ 3 秒,所以我们尽可能将镜头的时长精确到 0.1 秒内,以保证镜头之间的连贯性。尤其是两个镜头之间的衔接或同一镜头多机位之间的组接,都需要足够的细心和耐心,否则剪辑出来的镜头会衔接非常不自然。

图 11-10　视频输出

《摘草莓》
亲子 Vlog

　　大家在剪辑之前，尽量确定好 BGM，这样一方面可以进行卡点剪辑，另一方面也可以对 Vlog 的整体做好调性，这一点非常重要。

11.4　Vlog 情景类短视频推广

11.4.1　打造 IP

　　打造 IP 是短视频推广中最常见的推广方式，Vlogger 可以通过 IP 自带流量实现变现，也可以发布与其他 IP 相关的话题辅助推广自己的视频内容。对于初学者来说，笔者经常鼓励他们从 Vlog 做起，这其中最主要的原因就是，Vlog 情景类短视频是变现范围最广的一个赛道，Vlog 账号也是最好做人设的一类账号。观者一般都有窥私欲，大家会通过一些生活的细节来了解"你"是什么样的人，有什么样的性格和特点，然后通过这些点来考虑是喜欢你还是杠你，最终达到做人设的目的。当你有了足够多的粉丝之后，就可以直接利用自身的流量优势打造名人网红或者为特定场景代言引流了。

11.4.2　付费推广

必要时,Vlog创作者可以向内容付费模式靠拢,通过官方途径将你的Vlog作品推上首页。无论你的视频质量好不好,也不管观众愿不愿意观看,由于推荐首页的流量大,总有小部分人会点开你的视频;以此达到推广引流的目的。当然,如果你的Vlog作品质量还不错,具有推广价值的时候,借助此种方式将会收到更大的收益。这里不建议学生党轻易尝试,打好基本功才是硬道理。

11.4.3　选择平台

现在有很多自媒体平台,对新人或者助农内容有很大帮扶政策,只要你的Vlog具有推广价值,抖音、微博、B站、视频号、快手、秒拍等平台都是比较好的推广渠道。像"张同学"的账号也有很多,但是,张同学他抓住了抖音官方正在扶持的"三农"内容,有利于和其他短视频平台竞争,于是,"张同学"异军突起。所以,初学者要深入了解各平台官方政策,抓住机会因时而立,因势而起。

📖 |课后习题|

填空题

1.Vlog情景类短视频拍摄技巧有_____、_____、_____、_____。

2._____是在开始时留起幅,在结尾时留落幅来衔接上下画面,会让画面更加流畅,也符合剪辑的逻辑。

3. 演员看到的内容叫主观镜头,除了演员外,其他人看到的内容叫_____,主客观结合,可以带来沉浸式的代入效果。

4. 张同学的拍摄场景都在农村,熟悉的镜头能够引起观者_____;燃烧的陀螺仪拍摄的场景多为机舱、国外景点,视角与常人不同,能够引起人们_____。

📖 |任务实训|

自行组队,每个团队3人为宜。围绕创作主题"乡村振兴"自拟题目,完成策划案的撰写和Vlog视频拍摄与剪辑。

创作要求:思路清晰,有一定的剧情,能体现家乡环境、农民生活、文明建设等方面的巨大变化,内容输出有价值。

录制设备:专业数码单反相机、微单、手机＋稳定器＋收音设备。

剪辑软件:Adobe Premiere。

视频帧大小:1920*1080(1.0000)/横屏。

帧速率:25 fps。

像素长宽比:方形像素(1.0)。

场:无场(逐行扫描)。

音频采样率:48000样本/秒。

色彩空间/名称:BT.709 RGB Full。